# MANUEL

DU

# CULTIVATEUR DE MURIERS

DANS LA RÉGION MOYENNE DE LA FRANCE,

## OU TRAITÉ

DE L'ÉDUCATION, DE LA PLANTATION, DE LA CULTURE, DE L'ENTRETIEN ET DE LA TAILLE DU MURIER,

### Par M. ADRIEN SÉNÉCLAUSE,

Membre correspondant de la Société royale d'horticulture de Rouen, de la Société royale d'agriculture de l'Ain, des Sociétés d'agriculture de Montbrison, de St-Etienne, de Moulins, et du Comité d'horticulture d'Angers.

( Ce Traité a mérité à son auteur la médaille de 500 fr. mise au concours par la Société d'agriculture, belles-lettres, sciences et arts, de Poitiers. )

Quid tibi referam.....
Velleraque ut foliis depectant tenuia seres ?
VIRG. *Georg.*

PROPRIÉTÉ DE L'AUTEUR.

POITIERS,

IMPRIMERIE DE F.-A. SAURIN.

1843.

# A LA SOCIÉTÉ D'AGRICULTURE,

BELLES-LETTRES, SCIENCES ET ARTS DE POITIERS.

Si la prospérité des manufactures françaises de soieries, appuyée sur le génie inimitable de nos fabricants et de nos dessinateurs, garantit à quelques-unes de nos principales cités une source intarissable de richesses, rien n'est plus propre à la développer et à la consolider que l'extension donnée à la plantation du mûrier, et particulièrement l'exécution constante des meilleurs modes de culture, suivant les expositions diverses et les exigences si variées du sol.

Deux opinions principales ont jusqu'à ce jour divisé les auteurs qui ont traité de cette matière : la méthode du Midi, résultat de pratiques déjà anciennes et spéciales à ces contrées, et celle du Nord, basée sur des faits récents et sur les connaissances nouvelles.

Entre deux situations si opposées il existait une immense lacune que le concours ouvert par l'honorable Société d'agriculture, belles-lettres, sciences et arts de Poitiers, se propose de combler. Le planteur de mûriers du centre de la France ne devait accepter aveuglément ni les préjugés invétérés de la routine, ni les préceptes incertains de la théorie, mais adopter de chaque enseignement ce qui convenait le mieux au climat, en s'éclairant du flambeau de la science et de la sanction indispensable d'expériences sérieusement constatées.

Le programme de ce concours nous a été adressé par une des Sociétés dont nous avons l'honneur d'être membre correspondant ; il nous a semblé un appel à faire connaître le résultat de nos études et de nos essais si fructueux, imités déjà avec le plus grand succès par les cultivateurs de notre voisinage et par plusieurs de nos correspondants ; nous avons cru ainsi devoir réunir en un seul corps nos publications précédentes, honorées déjà de suffrages nombreux, mais isolés.

C'est donc avec une parfaite confiance que nous adressons à la Société d'agriculture, belles-lettres, sciences et arts de Poitiers, le fruit de nos travaux et de nos veilles, avec la seule ambition de coopérer pour notre faible part au grand œuvre qu'elle médite, et en réclamant pour l'insuffisance de nos moyens l'indulgence et la bienveillance dont nous avons le plus grand besoin.

# MANUEL

## DU

# CULTIVATEUR DE MURIERS

## DANS LA RÉGION MOYENNE DE LA FRANCE.

Quid tibi referam.....
Velleraque ut foliis depectant tenula seres?
VIRG. *Georg.*

---

## AVANT-PROPOS.

Parmi les nombreux végétaux importés des régions éloignées, nul ne mérite à si juste titre nos observations , nos soins et nos études , que le mûrier , cet arbre précieux , source d'une industrie si féconde dans nos contrées , le mûrier envié aujourd'hui à notre hémisphère par les habitants du Nouveau-Monde. Cet arbre qui , par la culture, les semis, les hybridations naturelles , et surtout les changements successifs de climats, a subi parmi nous un grand nombre de transformations, toujours prêt à se soumettre encore aux exigences de l'homme , aux divers modes de culture , est depuis longtemps l'objet de nos sérieuses recherches et de nos expériences multipliées.

La culture du mûrier a pris chez nous de profondes racines. Avec les dispositions favorables que présentent le sol si fécond de la France et l'activité industrielle de ses habitants , il n'est pas même possible de prévoir dans l'avenir jusqu'où pourront s'étendre ses limites, et par suite celles de la fabrication et de l'exportation des soieries. C'est pour nous désormais une source de richesses acquise, et étayée sur les fondements les plus solides.

la propriété territoriale et la supériorité incontestable de nos fabriques. La soie est actuellement un objet de nécessité pour le luxe des peuples comme pour les décorations des temples et des palais.

Aussi devons-nous espérer que tous les hommes instruits, intelligents, amis de leur pays, ne cesseront de poursuivre de tous leurs efforts l'amélioration progressive des procédés de cet art si utile et déjà si prospère, de l'élever jusqu'à la perfection, et de diriger par leurs exemples et leurs préceptes les cultivateurs vers un but si national.

Placé sur les confins du midi et du centre de la France, touchant d'une part aux vastes et riches plantations des départements de la Drôme, de l'Ardèche et du Gard, où le mûrier, favorisé par le climat et des travaux bien entendus, acquiert un grand développement ; de l'autre, à des contrées où son introduction plus récente ne permet pas encore d'en utiliser tous les avantages ; né nous-même au milieu des mûriers, dans une position où, malgré le voisinage de montagnes froides et élevées et le peu de profondeur des terrains cultivables, nous sommes parvenu depuis longues années à des résultats inespérés, nous devons signaler nos succès aux nouveaux planteurs comme un puissant motif d'encouragement.

Nous nous servirons donc de notre expérience pour éclairer les cultivateurs de mûriers, et les guider par les conseils de la théorie vers les pratiques les plus avantageuses, sanctionnées par de constantes réussites : c'est le but de notre publication. Trop heureux si les fruits de nos études et de nos travaux peuvent contribuer pour une faible part aux développements et aux succès de cette belle et riche industrie.

# CHAPITRE PREMIER.

## CONSIDÉRATIONS GÉNÉRALES.

Un traité sur la culture du mûrier doit avoir pour but d'éclairer l'agriculteur sur ses propres intérêts, de le prémunir contre les dangers de la routine et les errements de la théorie, et enfin d'enseigner un système simple et raisonné, sanctionné par la pratique et l'expérience, dont la mise en œuvre soit aisée et peu coûteuse, afin d'améliorer et de perfectionner à peu de frais les procédés défectueux d'éducation, de plantation, de culture et de taille, employés presque généralement, et assurer par ce moyen la propagation du mûrier dans les parties de la France qui en sont encore privées.

Eblouis par l'attrait de la nouveauté, la plupart des auteurs qui ont écrit sur ce sujet, au lieu de guider le cultivateur par des préceptes simples dans leur exécution et d'un avantage incontestable, le forcent à s'égarer dans de fausses routes, en lui imposant, comme des pratiques constantes et éprouvées, des essais de cabinet admirables, il est vrai, dans les calculs, mais souvent très-dispendieux, et venant presque toujours échouer à la première application.

C'est sous ce point de vue que nous regardons les éducations triples et automnales de vers, basées sur les produits du multicaule, dans des contrées où le mûrier n'accomplit jamais le cercle entier de sa végétation, intimement convaincu que la récolte de feuilles au printemps, la seule que le mûrier puisse supporter, est le plus riche revenu que le meilleur terrain puisse produire.

C'est ainsi que le mûrier multicaule lui-même, qui ne peut résister à la rigueur de la plupart de nos hivers, a joui pendant quelque temps d'une faveur si extraordinaire, qu'elle paraissait à peine expliquée par la nouveauté de son introduction, la grandeur démesurée de son feuillage, la facilité de sa reproduction, et son éloge exagéré par diverses publications scientifiques. Il devait remplacer avec un immense profit les espèces antérieurement cultivées. L'illusion n'a pas été de très-longue durée. Nos cultivateurs méridionaux, s'appuyant sur la réalité et sur des expériences positives, n'ont pas tardé à proscrire entièrement de leurs cultures ce nouveau venu, comme très-sensible au froid, d'un produit médiocre et au-dessous même de celui du mûrier sauvageon, et comme offrant trop de prise aux vents soit par ses énormes feuilles , soit par ses tiges frêles et cassantes.

Désabusées par leurs propres mécomptes des avantages merveilleux attribués à cette espèce, plusieurs personnes cherchent encore à obtenir de ses semences hybridées un mûrier à larges feuilles entières, de bonne qualité, un mûrier plus robuste que le multicaule, et qui ne soit pas détruit chaque année par le froid dans ses tiges et ses racines; un mûrier, enfin, qui puisse se prêter à toutes les formes, et dont la multiplication facile et abondante, sous la main même du cultivateur, lui présente à la fois toutes les ressources.

Le mûrier moretti, issu du mûrier blanc sauvageon, paraît seul jusqu'à présent remplir les conditions exigées; il résiste assez bien au froid; il se reproduit sans aucune dégénération par ses graines; il se propage parfaitement par boutures; son feuillage très-large, de la meilleure qualité, est avidement recherché par le ver, et donne des produits supérieurs; enfin, sa végétation rapide et luxuriante, et sa dépouille abondante et lucrative, le placent au premier rang parmi les plus estimés de ses congénères.

D'un autre côté, les écrivains du Midi qui se sont occupés du mûrier n'ont eu en vue que la culture usitée dans ces contrées : prétendraient-ils qu'elle doit partout être la même, ou qu'elle ne doit pas s'étendre au delà des bornes où elle fut longtemps renfermée? L'état florissant des cultures de mûriers et des manufactures de soieries dans le centre de la France, au xvi$^e$ siècle, est une preuve convaincante de la réussite assurée des nouvelles plantations.

Cependant le planteur encore novice demande des lumières à ses devanciers, et, comptant sur leur expérience, modèle sa pratique sur celles qu'ils ont adoptées depuis de si longues années , sans calculer si le changement de terrain, de climat ou de température, ne doit pas aussi entraîner avec lui un changement de méthode.

Partisan du progrès, mais ennemi juré des théories hasardées, toujours funestes en agriculture, nous tâcherons de prémunir également nos lecteurs contre les abus enracinés de la routine, et contre les innovations dangereuses, ne reconnaissant d'autre guide qu'une pratique sûre et éclairée par la science et la connaissance de l'organisation des végétaux.

Est-il possible d'obtenir du mûrier, dans le centre et le nord de la France, des profits aussi considérables que dans les provinces du Midi? Il est permis de résoudre cette question par les résultats acquis, et par la connaissance des ressources particulières à ces diverses localités.

Le Midi, outre ses avantages naturels, possède une population active et laborieuse. Le mûrier s'y développe promptement ; sa force, sa durée et son produit, surpassent de beaucoup ceux qu'il acquiert dans des climats moins favorisés ; la récolte des feuilles est plus précoce ; la saison des chaleurs plus prolongées lui permet encore de réparer avant l'époque des gelées une grande partie de ses pertes ; la division des fortunes et des héritages y est aussi une des causes qui augmentent le plus les plantations de mûriers et la facilité de leur culture.

Dans le centre et le Nord, au contraire, l'étendue et la fertilité des terrains choisis pour la plantation du mûrier, l'absence des touffes de chaleur si fréquentes et si funestes aux vers dans les provinces du Midi, l'esprit d'association et la pratique des méthodes de magnaneries perfectionnées, généralement peu en faveur dans les anciennes cultures, peuvent compenser les désavantages provenant du défaut de température et de la rigueur du climat.

Déjà de nombreux succès se révèlent de toutes parts, encourageant à de nouveaux essais, et nous donnent l'espoir d'atteindre dans un prochain avenir la plus haute perfection.

Qu'une louable émulation dirige donc les propriétaires ruraux vers un but commun, celui de propager cette belle industrie dans tous les pays où elle peut prospérer, en mettant à profit les procédés reconnus avantageux et l'enseignement des connaissances nouvelles ; c'est en réunissant ainsi tous leurs efforts, qu'ils concourront ensemble à la gloire de délivrer notre pays du tribut onéreux payé annuellement à l'étranger pour prix des matières premières qui manquent encore à notre fabrication.

## CHAPITRE II.

### CLASSIFICATION DU MURIER.

*Mûrier*, Morus.—*Famille des restacées*, *Juss. Section des astocarpées*, *Decand. Monœcie, tétrandrie, Linné.*

Comme, d'après le plan de notre ouvrage, nous attachons beaucoup moins d'importance à la nomenclature scientifique qu'à la propagation et à la conservation des mûriers, et particulièrement du mûrier blanc, nous diviserons simplement cette famille en quatre races principales plus ou moins généralement reconnues et cultivées, savoir :

1° Mûrier blanc, *morus alba ;*

2° Mûrier multicaule, *morus multicaulis ;*
3° Mûrier noir, *morus nigra ;*
4° Mûrier rouge de Virginie, *morus rubra fertilis.*

### 1° Le mûrier blanc.

Le mûrier blanc, dont l'introduction n'a eu lieu que bien longtemps après celle du mûrier noir, si même cette dernière espèce n'est pas originaire de quelque partie de l'Europe méridionale, le mûrier blanc avec ses innombrables variétés, les seules dont nous ayons à nous occuper sérieusement dans le cours de cet ouvrage, est dans nos pays un arbre de moyenne grandeur, et qui même, lorsqu'il est avantageusement placé et non soumis à la taille d'été, peut acquérir d'assez grandes dimensions. Il porte sur le même pied des fleurs mâles et des fleurs femelles en chatons axillaires, arrondis, séparés les uns des autres. Chaque fleuron mâle ne contient que quatre étamines ; les femelles sont composées d'un embryon en forme de cœur, surmonté de deux styles terminés en pointe ; l'agglomération de ces embryons devient dans leur maturité un fruit composé, charnu, succulent, agréable au goût. Chaque embryon renferme une semence ovale, aplatie.

Le mûrier blanc, quoique exotique, est un arbre assez robuste ; sa croissance est très-prompte, les moyens de le multiplier et de l'élever faciles et nombreux. Aucun arbre ne réussit mieux à la transplantation ; il se prête à toutes les directions et à toutes les formes ; il résiste assez bien au froid et aux variations de la température ; presque toutes les diverses natures de terrain lui conviennent. C'est le seul arbre qui puisse supporter presque sans aucun inconvénient le dépouillement de son feuillage au moment de sa plus forte végétation ; enfin, il est peu de provinces de notre belle France qui ne puissent s'enrichir de sa culture, en choisissant les expositions les plus convenables.

Le port du mûrier est agréable ; son feuillage, très-luisant et d'un vert gai, le distingue des autres arbres, et pourrait même lui donner place dans les plantations d'agrément. Cependant il s'accommode assez mal du voisinage des grands arbres, de l'entrelacement de leurs racines, et surtout de l'ombrage qu'ils projettent sur lui ; il exige aussi une culture bien plus fréquente que celle que l'on donne aux massifs des bosquets.

Outre l'immense avantage que l'on retire de son feuillage au printemps, pour l'alimentation des vers à soie, sa seconde dépouille, recueillie en automne en complète maturité, au moment de sa chute, et desséchée avec soin, est une excellente nourriture pour les vaches laitières , et un bon fourrage pour les moutons. L'écorce des jeunes branches de l'année , préparée comme le lin, fournit une filasse soyeuse , ferme et tenace, d'un blanc argenté, propre à la fabrication de brillantes étoffes ; elle peut aussi entrer dans la composition du papier.

Les mûres sont bonnes à manger, quoique d'un goût fade et doucereux ; la volaille en est très-friande, et s'en engraisse promptement.

Le bois de mûrier est d'une excellente qualité, et sert à de nombreux usages. Il n'est pas sujet à être piqué des vers ; il se conserve très-longtemps ; il résiste parfaitement dans l'eau et à l'humidité, il paraît même y durcir. On peut l'employer au tour, à la charpente, à la menuiserie ; sa couleur jaune-citronné et son beau poli le rendent précieux pour les ébénistes. On en tire d'excellentes futailles ; mais, comme on ne livre ordinairement à la cognée que les arbres morts ou atteints de graves maladies, et dont par conséquent une partie du tissu ligneux est plus ou moins altérée , son emploi le plus fréquent est celui d'échalas pour la vigne , pour clôtures et pour palissades. Ces échalas sont d'une très-grande durée et d'une solidité à toute épreuve. C'est aussi un excellent bois de chauffage.

C'est donc à juste titre qu'il est surnommé l'arbre d'or : ce nom est parfaitement sanctionné par l'aisance générale répandue dans les pays où il est soigneusement cultivé ; et si les véritables sources de richesses sont celles qui proviennent du sol et de sa culture, celle du mûrier a sur toutes les autres l'avantage d'alimenter les plus riches fabriques du monde , et de fournir un travail continuel aux populations laborieuses et indigentes.

Les grands profits qu'on en retire étant généralement connus et appréciés depuis assez longtemps, il paraît étonnant que cette culture ne se soit pas davantage répandue et même généralisée ; en examinerons-nous les causes ?

A plusieurs époques il s'est manifesté un enthousiasme général pour la propagation du mûrier ; depuis quelques années surtout, l'élévation soutenue du prix des soies en a fait entrevoir à tous les yeux les immenses bénéfices. Presque tous nos départements se sont livrés à la plantation et même à l'éducation de jeunes élèves ; sans tenir compte de l'innombrable quantité de multicaules élevés et plantés dans le Nord , des masses incalculables de plants de divers âges et de toute espèce ont été expédiées du Midi dans toutes les directions ; il y avait là de quoi former en peu d'années de vastes et nombreuses mûreraies...

Cependant la production de la soie paraît encore bien peu augmentée ; elle semble même encore bornée stationnairement aux provinces qui jusqu'à présent en avaient conservé le monopole, et nous sommes toujours tributaires de l'étranger pour une partie des matières dont l'approvisionnement nous est nécessaire.

On ne peut attribuer cette non-valeur qu'au peu de soins dont la plupart de ces arbres ont été l'objet : les uns ont été plantés sans précaution dans des terrains et à des expositions contraires à leur nature, où ils n'avaient aucune chance de réussite ; ceux-ci n'ont reçu presque aucun labour pour accélérer leur croissance et assurer leur développement ; ceux-là, abandonnés à des mains inhabiles ou peu expérimentées, ont été bientôt détruits par une taille imprudente, immodérée et intempestive : le sujet dépérit alors, ou succombe à la suite de ces funestes traitements. En faut-il davantage pour décourager le planteur le plus intrépide, qui bientôt ne veut plus entendre parler de mûriers, lorsqu'il n'avait besoin que d'étude, d'activité, et surtout de persévérance, pour parvenir au but qu'il s'était primitivement proposé ?

Nous dirons donc toujours avec la plus ferme conviction : le mûrier est vraiment *l'arbre de bénédiction ;* mais il ne faut lui épargner aucun des travaux qu'il réclame avec instance ; il faut même les lui prodiguer. Que celui qui n'est pas pénétré de la vérité de nos assertions, et fermement décidé à entretenir convenablement ses mûriers, renonce d'avance à leur plantation ; il n'éprouverait que des mécomptes.

### 2° Le mûrier multicaule.

Le mûrier multicaule, originaire de la Chine, d'où il avait passé aux îles Philippines, en fut rapporté il y a quelques années, et répandu en France par les soins de M. Perrotet, botaniste voyageur du ministère de la marine. Outre la grande facilité de sa reproduction par boutures, cette espèce produit un feuillage dont l'énorme dimension flatte à la première vue ; aussi devint-elle bientôt l'objet de prédilection de la plupart de nos écrivains. On en planta, par leurs conseils, de grandes quantités dans le Nord, dont la température semblait le moins lui convenir, et il devint bientôt la cause et le sujet de nombreuses et amères déceptions.

Il paraît devoir sortir de la race désignée sous le nom de mûriers de Lou par les Chinois ; ils le cultivent en nains et en basses tiges ; et, suivant l'ouvrage traduit par M. Stanislas Julien, cet arbre ne réussit guère que dans les plaines unies, et non dans les montagnes, les pentes et les terrains de moindre qualité. Il y est dit aussi qu'il a peu de durée; on peut ajouter que sa sensibilité pour le froid, et la fragilité de ses tiges et de ses feuilles, ne permettront guère d'en tirer parti chez nous, excepté dans quelques localités favorisées soit par le climat et par l'exposition, soit par la générosité du terrain, et où le mûrier blanc pourrait encore le remplacer avec un avantage incontestable.

Le multicaule, comme l'indique son nom spécifique, repousse du pied une grande quantité de rejetons qui s'élèvent dans l'année à un et quelquefois même à deux mètres; ses tiges ont peu de durée et sont très-cassantes; elles supportent des feuilles de la plus grande dimension, distantes les unes des autres, longuement pétiolées, ovales, cordiformes, pointues à la cime et fortement cloquées. Cette espèce donne aussi sur le même pied des chatons mâles et femelles séparés; ces derniers sont plus abondants, ce qui a pu faire croire à quelques personnes que l'arbre était exclusivement femelle. Elle se reproduit naturellement de semence, et reçoit très-facilement les fécondations des arbres voisins appartenant à la même famille, ce qui permet d'en créer de nombreux hybrides, et donne l'espoir d'en obtenir tôt ou tard un sujet qui conserve les bonnes qualités de la mère en y joignant la robusticité du mûrier blanc, une variété qui se prête à la multiplication par boutures et qui ne craigne nullement le froid; tous les hybrides obtenus jusqu'à ce jour y sont plus ou moins sensibles.

Nous rapporterons à cette dernière espèce le mûrier intermédiaire importé par M. Perrotet du même pays, arbrisseau aussi sujet au froid que le précédent; le mûrier du Japon à feuilles entières ou légèrement découpées, ovales, cordiformes, très-luisantes, excellentes pour la nourriture des vers, mais plus délicat encore; le mûrier de la Cochinchine à très-larges feuilles; et enfin le mûrier de l'Inde à *faucher*, espèce très-nouvellement introduite, et dont l'origine fait craindre avec raison qu'il n'exige un climat beaucoup plus chaud que le nôtre.

Nous donnerons en leur lieu une nomenclature générale et la description sommaire des variétés les plus estimées du mûrier blanc.

3° Le mûrier noir.

Le mûrier noir, originaire de la Perse, peut-être même des parties méridionales et tempérées de l'Europe, où il est depuis un temps immémorial complétement acclimaté, est un arbre d'assez grande dimension, à branches tortueuses et très-multipliées; ses racines sont fortes et s'étendent au loin; son écorce est brune sur les jeunes bourgeons, elle devient extrêmement ridée en vieillissant; ses grandes feuilles, larges, ovales, cordiformes, entières, dentelées en scie, épaisses, rudes et couvertes de poils courts, sont d'un beau vert foncé; ses chatons femelles deviennent au mois d'août des fruits axillaires agglomérés, très-succulents, violets, rouges ou noirs, selon le degré de maturité. Ce fruit est sain et bon à manger; on en fait des sirops pour les maux de gorge; il est très-recherché par les enfants, et excellent pour engraisser la volaille.

La feuille de ce mûrier a pu quelquefois suppléer à celle du mûrier blanc, dans des moments de disette; le ver à soie la mange même assez bien lorsqu'il est fort; mais elle produit toujours une soie plus grossière et de moindre valeur. D'ailleurs cet arbre ne supporterait pas longtemps d'être dépouillé annuellement de son feuillage; sa multiplication éprouve de grandes difficultés; sa venue et sa croissance sont d'une extrême lenteur. Son bois a toutes les qualités de celui du mûrier blanc; il est même plus dur, plus compacte et plus solide.

4° Le mûrier rouge.

Le mûrier à fruit rouge de Virginie ou du Canada ne prend pas autant de développement que le mûrier noir; c'est seulement un arbrisseau de première grandeur; ses branches s'élancent beaucoup, et partent dans toutes les directions; aussi fait-il très-rarement une tête régulière. Son écorce est d'un gris cendré clair; ses feuilles sont ovales, entières, très-larges, longues de 25 à 30 centimètres, dentelées en scie, et terminées par une pointe allongée; elles sont fortement réticulées par-dessous, très-rudes au toucher par-dessus; leur verdure est fort belle. L'arbre est très-rustique, et réussit assez bien dans nos climats, surtout lorsqu'il est élevé de semence; en juin il se couvre de fruits rouge-clair, assez gros, mangeables, mais un peu acides.

Quoique le ver à soie puisse au besoin se nourrir de sa feuille, elle n'est pas de son goût et ne paraît nullement lui convenir.

## CHAPITRE III.

ORIGINE DU MURIER BLANC, SON INTRODUCTION, SES PROGRÈS.

Le mûrier blanc est certainement originaire des parties méridionales et tempérées de l'Asie; il a été cultivé en Chine de toute ancienneté. Les annales de ce pays font remonter l'époque où l'on commença d'en nourrir artificiellement des vers à soie, de dévider leurs cocons, et de confectionner des vêtements avec la soie, au règne de l'empereur Hoang-Ti, c'est-à-dire deux mille six cents ans avant l'ère chrétienne.

L'histoire des nations est toujours, à son principe, voilée d'obscurité et de fables ; pourtant il est facile d'y découvrir le génie particulier de chaque peuple ; rien ne paraît d'ailleurs plus certain que l'antiquité de cette culture, appuyée sur une foule de documents. Dans ce pays, les mœurs, les croyances même, l'habillement, le luxe, et jusqu'à la fortune des familles et des individus, tout est prévu et fixé par les lois, ou soumis aux volontés des empereurs. Beaucoup de règlements ont rapport aux mûriers ; à plusieurs époques il fut ordonné à chaque particulier d'en planter un certain nombre ; pendant la mauvaise saison et lorsque les travaux étaient interrompus, on devait donner des leçons sur la manière de les cultiver. Plusieurs décrets défendirent de les abattre, et enfin des indemnités de taxes et d'impositions favorisèrent celui qui défricherait des terres incultes pour en planter une quantité déterminée ; des terres furent cédées par les souverains sous la même condition. Chaque année, pour honorer l'agriculture, l'empereur traçait lui-même un sillon. L'impératrice, avec les mêmes cérémonies, recueillait des feuillages de mûriers pour nourrir des vers à soie dans l'intérieur du palais ; plusieurs impératrices élevaient même de leurs mains des vers avec l'aide de leurs dames, en choisissant celles qui étaient les plus dignes de cette faveur. Quoi de plus propre à encourager cette culture, et à la rendre populaire !

Il n'est pas douteux que les Chinois ne cultivent un grand nombre d'espèces ou de variétés de mûriers qui nous sont entièrement inconnues ; le mûrier sauvage particulièrement, et l'arbre épineux sur lequel les vers à soie se nourrissent en plein air. Mais, d'après leurs écrits mêmes, il est facile de juger que le mûrier blanc est celui de tous dont ils font le plus de cas, et celui qui produit la meilleure soie.

La haute antiquité des annales chinoises constate parfaitement l'origine reculée de la possession du mûrier dans le Céleste Empire ; il fut aussi cultivé de toute ancienneté dans les provinces méridionales de l'Asie. C'est de l'Inde qu'il fut importé dans la Perse, où il s'établit d'une manière très-solide ; longtemps elle en conserva le monopole, et vendait au poids de l'or les moindres ouvrages de soieries.

Enfin, sous l'empereur Justinien, deux moines voyageurs

rapportèrent en Grèce des graines de cet arbre précieux, et des œufs de l'insecte qui produit la soie. Cette nouvelle industrie devint peu à peu très-florissante en Grèce et dans les îles de l'Archipel ; ce n'est qu'à l'époque des croisades que quelques mûriers furent introduits en Sicile, en Italie, et même, dit-on, en Provence. Ce qui prouve que leur culture et leur multiplication restèrent encore longtemps stationnaires, c'est qu'un auteur italien qui écrivait en 1540 nous assure que ce n'est qu'à cette époque que l'on commença à le propager de graines, seul moyen de le répandre en abondance.

Quoi qu'il en soit, ce n'est que dans le xvᵉ siècle, sous Charles VIII, que le mûrier reçut son premier établissement en France ; mais il fallut encore plus de cent années pour qu'il s'y constituât utilement. Henri II jeta les premiers fondements des florissantes manufactures de soieries de Lyon et de Tours ; mais Henri IV, ce bon roi, ce vrai père du peuple, conseillé par Olivier de Serres, consolida leur ouvrage, et donna les plus grands encouragements pour la culture du mûrier. Par ses soins, des pépinières furent établies dans diverses parties du royaume ; il n'hésita pas même à leur consacrer son jardin des Tuileries ; enfin, il ne négligea rien pour affranchir son Etat de la redevance imposée par l'étranger pour l'achat des étoffes de soie que nous tirions alors de chez eux.

Louis XIV, ce grand roi, dont un grand mérite aussi fut de s'entourer des hommes les plus remarquables de son règne ; Louis XIV avait choisi pour ministre Colbert, cet habile conseiller dont le vaste génie sut préparer tant d'améliorations, et auquel nous sommes redevables de tant de sages règlements, qui donnèrent le plus grand essor aux plantations de mûriers et à la prospérité des manufactures de soieries. Des pépinières de jeunes plants furent créées dans les localités les plus favorables ; toutes les provinces méridionales reçurent aux frais de l'Etat des plantations de l'ordre sétifère ; ces plantations avaient lieu le long des routes, sur les terres des particuliers.

Les cultivateurs d'alors, ne pouvant croire aux avantages que devait leur procurer par la suite le feuillage de ces arbres, les laissaient dépérir faute de soins, et même accéléraient leur mort par tous les moyens possibles. Le prudent ministre jugea que le meilleur moyen d'arrêter leur destruction était d'intéresser à leur conservation, pour le moment, les propriétaires des terrains plantés ; il promit vingt-quatre sous pour chaque pied d'arbre qui serait maintenu en bon état pendant l'espace de trois ans ; et il tint parole. Aussi tout prospéra dès lors, et sous

de tels auspices la Provence, le Languedoc, le Vivarais, le
Dauphiné, la Guienne, le Lyonnais et le Forez, tous les pays
enfin les plus propices furent peuplés de mûriers.

Le mûrier, dans le principe, avait aussi été introduit dans les
provinces du centre, et même du nord de la France. On retrouve presque partout quelques-uns de ces vieux pieds, restes
antiques de plantations bien plus considérables : la Touraine,
le Berri, la Bourgogne, les environs même de la capitale,
possèdent encore des mûriers d'un âge très-élevé. Pourquoi
cette culture fut-elle abandonnée dans des pays où elle réussit
primitivement ? Loin d'en accuser le climat, nous dirons avec
Tacite : *Turones molles ;* et avec le Tasse : *Gente licta è poco
affaticosa.*

C'est donc à d'autres causes qu'à la température qu'il faut
attribuer la chute de cette industrie et la ruine des manufactures de soieries établies jadis dans le centre de la France. Le
mûrier y a fait ses preuves, et un grand nombre d'anciens
arbres subsistent encore, malgré toutes les intempéries et les
avaries qu'ils ont éprouvées dans le temps, malgré l'incurie et
l'abandon actuel de tout soin de la part des cultivateurs ; ce
qui prouve qu'il est très-facile d'en augmenter considérablement le nombre, seul moyen d'en obtenir un revenu solide et
lucratif.

Les encouragements prodigués par nos rois pour la plantation des mûriers ne faillirent pas davantage sous les règnes
suivants ; aussi leur accroissement fut prodigieux, et ne s'arrêta
qu'à l'époque de nos désastres et de nos révolutions. Les bienfaits d'une longue paix et de la sécurité, sous la restauration,
donnèrent une grande activité à nos manufactures de soieries,
et par là même une vive impulsion à la propagation de l'arbre
qui produit la soie. Charles X créa dans la ferme-modèle des
Bergeries un établissement vraiment royal, destiné à la culture
du mûrier et à l'éducation des vers. Il est à regretter qu'à cette
époque l'enthousiasme général des nouveaux planteurs pour
le multicaule ait détourné momentanément les progrès de la
bonne voie ; mais le mouvement était imprimé, l'intérêt particulier appréciait déjà les produits qu'il pouvait retirer du mûrier ; actuellement plus que jamais son avenir est assuré sur
les bases les plus durables ; il n'a plus qu'à lutter contre la
routine et quelques préventions, dont les lumières généralement répandues effaceront tôt ou tard les dernières traces.

# CHAPITRE IV.

LE MÛRIER BLANC ET SES VARIÉTÉS LES PLUS RECHERCHÉES POUR<br>LA NOURRITURE DU VER A SOIE.

On discute depuis longtemps sur les avantages relatifs du mûrier blanc sauvageon ou des espèces greffées. Les avis sont très-partagés sur cette question, qui cependant n'offre aucune difficulté ; elle dépend de la différence des terrains et surtout du climat, et doit se résoudre par la nécessité où se trouvent les planteurs du Nord et ceux du Midi, de faire les uns et les autres un choix diamétralement opposé.

Ainsi la préférence généralement accordée, dans le Midi, aux mûriers greffés sur le mûrier blanc sauvageon, dont le feuillage est ordinairement, dans les pays chauds, d'une très-petite dimension, et découpé comme celui du persil, est parfaitement motivée par les mérites supérieurs que présente sur ce dernier une feuille large, entière, abondante, à longs pédoncules, et par conséquent plus facile à recueillir sur des branches lisses et vigoureuses. Les larges feuilles ont aussi moins d'inconvénients dans ces pays ; l'évaporation étant fortement excitée par la chaleur, elles contiennent et conservent moins d'humidité ; le bois y mûrit annuellement ; la végétation est plus précoce et plus active ; enfin, l'arbre est moins exposé aux subites variations de l'atmosphère et à la rigueur des hivers.

Malgré cette supériorité apparente du mûrier greffé, le sauvageon compte encore dans le Midi, parmi les cultivateurs éclairés, bon nombre de partisans qui reconnaissent, après de longues expériences, que le produit de cette espèce, quoique d'un moindre volume, est de meilleure qualité et nécessaire à certains âges des vers ; que la récolte est plus précoce, et enfin que dans leur pays même, si favorisé par le climat, ce mûrier est plus robuste, moins sujet aux infirmités et d'une plus grande durée que l'arbre greffé.

Pour tous les pays, les plantations de mûriers blancs sauvageons en haies, en nains et en taillis, sont nécessaires pour fournir la première nourriture des vers ; pour les climats froids et les terrains médiocres, elles sont de rigueur, la délicatesse du mûrier greffé et de l'arbre élevé à haute tige ne leur permettant pas d'y faire des progrès.

Si donc la culture du mûrier blanc sauvageon est reconnue utile et profitable, dans plusieurs circonstances, dans le Midi, combien à plus forte raison doit-elle être appréciée dans les autres localités , dont elle est, pour ainsi dire, la seule ressource et l'unique chance de succès !

Loin de nous cependant la pensée de proscrire entièrement l'arbre greffé, qui avec des soins assidus, lorsqu'il est placé dans un bon terrain et à une exposition convenable, peut donner de très-heureux résultats. Nous chercherons seulement à réduire l'abus de son emploi exclusif, et principalement celui des espèces à feuilles de grandeur démesurée, dont le principal mérite est de flatter agréablement la vue.

Nos plus anciens mûriers étaient presque tous sauvageons , et ne portaient que des feuilles entièrement découpées, surtout dans les pays chauds, où leur introduction est plus ancienne; il n'est pas étonnant alors que les graines des arbres provenant d'Italie jouissent naguère d'une faveur bien méritée, comme produisant seules des plants de belle qualité et doués d'un beau feuillage. De nos jours nous n'avons plus rien à envier à l'étranger ; depuis quelques années, nous pouvons obtenir en France, de nos propres graines récoltées avec soin sur des arbres à belles feuilles, plus communs actuellement, nous pouvons obtenir, disons-nous, des semis de jeunes mûriers dont la presque totalité sera composée de sujets à feuilles entières, larges , lisses, soyeuses et sans aucune découpure, sujets certainement préférables sous tous les rapports à ceux qui ont été soumis à l'opération de la greffe.

### Mûrier blanc sauvageon.

Le mûrier blanc type nous manque absolument; il serait même impossible de le retrouver après les transformations nombreuses qu'il a dû subir depuis le commencement de sa culture et de sa multiplication par semis , et surtout de ses pérégrinations si lointaines; mais il nous offre pour ses représentants une immense progéniture ; c'est au cultivateur intelligent à bien faire son choix.

L'espèce suivante, sous-variété fixée du mûrier sauvageon, vient immédiatement après lui pour la robusticité; elle lui est préférable sous le triple rapport de la vigueur des tiges, de la qualité des feuilles , et de la supériorité du produit.

### Mûrier Moretti.

Arbre vigoureux, à grande végétation ; tiges nombreuses, droites et allongées ; écorce vert-blanchâtre, long pétiole cannelé ; feuilles ovales , entières, cordiformes, dentelées en scie, de 25 centimètres de long sur 20 de large, minces comme celles du mûrier sauvageon, lisses dessous et dessus , surtout à cette dernière surface, laquelle est d'un beau vert peu foncé et très-luisant; elle a très-peu de nervures, et n'a ni rides ni plis.

Ce mûrier, découvert en 1814 par le professeur Moretti, de Pavie, dans un semis de sauvageons, jouit de la précieuse faculté de se reproduire identiquement de semis, presque sans variations, à très-larges feuilles, entières et de la meilleure qualité; il réunit ainsi les avantages du mûrier sauvageon et ceux des mûriers à larges feuilles, moins l'inconvénient de la greffe. Cet arbre donne des tiges fortes et vigoureuses, affectant généralement une direction verticale; et, ce que nous n'avons remarqué sur aucun autre mûrier, il aoûte complétement ses branches jusqu'au bouton terminal.

Il est faux qu'il perde chaque année ses tiges comme le multicaule, et qu'il ne résiste pas aux froids de nos climats; quoique un peu délicat dans son bas âge, comme tous ses congénères, dès que sa tige est parvenue à l'état ligneux, elle devient presque aussi robuste que celle des sauvageons, et résiste bien mieux au froid qu'aucune espèce soumise à la greffe. C'est aussi un excellent sujet pour recevoir les greffes des meilleures variétés de mûriers, auxquelles il communique sa vigueur; il est très-propre aux plantations de basses tiges et de nains; dans les bons terrains et aux bonnes expositions, il réussit bien à plein vent; il supporte aisément la taille, qui multiplie prodigieusement ses bourgeons et augmente la grandeur de son feuillage.

Sa feuille est excellente, mince à son origine, et assez forte dans sa maturité; elle est très-recherchée par le ver, et produit une soie d'une qualité supérieure. Peut-être, dans certains pays, la précocité de sa végétation ferait-elle craindre qu'il ne fût quelquefois endommagé par les gelées printanières; mais son jeune feuillage paraît moins en redouter les atteintes que celui de toute autre variété.

Le plus grand profit que l'on puisse retirer du moretti dans les départements méridionaux, c'est de l'employer aux remplacements des arbres morts dans les anciennes mûreraies; il s'y prête merveilleusement, et son extrême vigueur lui permet de faire des progrès satisfaisants là où toute autre espèce n'aurait obtenu aucun succès.

Cette acquisition précieuse est dotée de trop grands priviléges, pour ne pas être placée au premier rang parmi nos meilleures espèces de mûriers; sa nouveauté et même son mérite lui ont déjà attiré une foule de détracteurs; c'est au temps et à l'expérience à en faire justice. Pour nous, après des essais qui datent déjà de douze ans, pénétré de ses nombreux et inappréciables avantages , nous n'hésiterons pas à lui céder la presque totalité de nos cultures.

### Mûrier rose d'Italie.

Cette espèce, assez généralement répandue, est regardée à juste titre, après les espèces franches de pied , comme la plus recommandable. L'arbre jouit d'une grande vigueur, il fournit une végétation abondante ; les branches sont fortes , longues, rarement chiffonnées; les bourgeons sont rapprochés; pédoncule court ; feuille ovale , allongée, cordiforme , entière ou peu découpée, terminée en pointe aiguë ; nervures très-rares ; parenchyme mince, ferme et soyeux ; surfaces lisses et unies ; 18 à 20 centimètres de long sur 15 de large. Cette feuille est fort recherchée par le ver, et donne une soie de la meilleure qualité ; son jeune bois s'aoûte assez bien, il résiste à nos hivers ; on peut l'élever à haute tige et à basse tige ; son produit est considérable.

### Mûrier rose du Languedoc. — Mûrier rose de Provence.

Il existe peu de différence entre ces deux sous-variétés et l'espèce précédente ; leurs feuilles, dans les mêmes proportions, sont un peu plus larges , et offrent les mêmes qualités.

### Mûrier rose de Calabre.

Celui-ci diffère des premiers par son bois plus court ; ses feuilles ovales, allongées, ont 15 à 16 centimètres de long sur 10 à 12 de large ; leur surface est lisse et la dentelure très-fine.

Les espèces suivantes sont aussi très-estimées :

Mûrier blanc d'Espagne : bois très-long et fort; feuilles longues de 16 à 18 centimèt. sur 11 à 12 de large, lisses, soyeuses, et très-fermes.

Mûrier à feuilles de lis : bois assez long, ramifié ; feuilles de grandeur et de forme variables, profondément échancrées de chaque côté, minces et très-lisses.

Mûrier mâle de Piémont : bois court, très-gros, bourgeons rapprochés; feuilles larges de 14 centimètres sur 18 de long , surface lisse et unie.

Mûrier mâle du Comtat : bois court, gros ; feuilles de 18 centimètres de long sur 14 de large, nervures fortes, surface vert foncé.

Mûrier Colombasse: bois allongé; feuilles longues de 17 centimètres sur 14 de large, portant deux échancrures latérales, surface lisse et unie.

Mûrier Foucarde : bois allongé , assez fort ; feuille mince , rude, légèrement échancrée , longue de 18 centimètres sur 13 de large.

Mûrier Rebalaïre : branches très-longues , ramifiées ; feuille ovale , allongée , unie , entière , 20 centimètres de long sur 16 de large.

Mûrier à feuilles doubles (M. Giazzola) : bois gris, assez long ; feuille très-lisse , soyeuse , nervure forte , gros pédoncule , 18 centimètres de long sur 14 de large.

Mûrier de Sainte-Épine : bois mince , très-allongé , un peu cassant ; feuille presque ronde, lisse , légèrement échancrée , de 16 centimètres dans tous les sens. L'arbre résiste bien au froid ; sa feuille est très-estimée dans le haut Vivarais.

Mûrier langue-de-bœuf : bois court , mince , très-ramifié ; feuille lisse , unie , entière , très-rapprochée , longue de 17 centimètres sur 14 de large : il est très-robuste , dure longtemps , et fait un bel arbre ; sa feuille est excellente.

Mûrier Meyne : gros bois court ; feuille mince , lisse , nervures légères , deux petites échancrures latérales , dentelure très-fine , longueur 19 centimètres sur 15 de large.

Mûrier à feuilles luisantes entières : bois court , yeux très-rapprochés ; feuilles lisses , très-luisantes , oblongues , 17 centimètres de long sur 12 de large.

Mûrier à feuilles de parchemin : bois long ; feuilles épaisses , lisses , membrane forte , nervures serrées , 16 centimètres de long sur 12 de large. Cette feuille est particulièrement propre à endurer de longs transports.

Mûrier romain à fruit noir : bois très-long ; feuilles légèrement échancrées , rudes , longues de 17 centimètres sur 14 de large.

Mûrier tardif : bois gros , court ; feuille entière, lisse, longue de 20 centimètres sur 16 de large ; nervures fortes et nombreuses : moins sujet au froid par sa végétation tardive.

Mûrier à feuille dure : très-gros bois , assez long ; pédoncule ferme , fort attaché au rameau ; feuille rude, ferme , 16 centimètres de long sur 12 de large.

Celles que nous allons nommer portent des feuilles d'une très-grande dimension, moins favorables dans nos contrées à la nourriture des vers ; l'arbre est aussi plus sensible au froid , et exige un bon terrain et une excellente exposition.

Mûrier à feuilles entières très-larges : bois très-long , ramifié ; feuille très-large, velue, quelquefois légèrement échancrée, un peu aqueuse, excepté dans les terrains très-secs , 24 centimètres de long sur 19 de large.

Mûrier à très-larges feuilles, *macrophylla* : bois très-gros , très-court, bourgeons rapprochés; feuilles lisses, très-épaisses , 25 centimètres de long sur 20 de large.

Mûrier romain à très-larges feuilles : bois gros et long ; feuilles rudes , épaisses , velues, longues de 22 centimètres sur 18 de large.

Un grand nombre d'autres variétés se rapprochent plus ou moins de celles que nous venons de décrire sommairement ; quelques-unes pourraient être utilisées pour quelques emplois particuliers.

Mûrier nain dit de Constantinople : c'est un arbre nain , à bois excessivement court , très-gros , bourgeons très-rapprochés; feuilles ovales, longues, minces, lisses, étroites et entières.

Mûrier à feuilles nervées, *nervosa :* feuilles lisses , irrégulières , étroites , fortes nervures; produit une soie plus forte.

Mûrier de Tartarie : il paraît être une espèce ou variété bien voisine du mûrier blanc ; bois très-mince ; branches nombreuses, longues ; feuilles petites , peu découpées, minces, très-soyeuses, dentelure profonde. Il résiste parfaitement au froid.

Plusieurs autres n'ont d'autre mérite que celui de l'agrément.

Mûrier pyramidal : rameaux minces , très-allongés , affectant une direction entièrement verticale , ce qui lui donne une forme très-agréable.

Mûrier d'Italie à bois rouge : bois très-mince , extrêmement ramifié ; feuilles petites , très-découpées , rudes au toucher ; son liber est d'un beau rouge corail pendant la végétation.

Mûrier tortueux : bois courbé en zigzag, régulier à chaque mérithalle ; feuilles cloquées, plissées, très-irrégulières, surface vert sombre.

Mûrier hétérophylle : monstruosité curieuse , délicate.

Tout en recommandant l'emploi du mûrier blanc pour les positions peu favorisées du climat, nous croyons très-utile l'essai des meilleures variétés , dont l'usage peut être très-fructueux dans des circonstances favorables et particulières.


# CHAPITRE V.

### MULTIPLICATION DES MURIERS.

Aucun arbre ne jouit d'une aussi grande facilité pour sa reproduction : les semis, les boutures, les marcottes et la greffe, toutes les méthodes employées pour la propagation des autres végétaux, sont, entre les mains d'un cultivateur habile, des moyens assurés de multiplier abondamment le mûrier et ses variétés précieuses

### Le semis.

La voie la plus prompte, la plus sûre et la plus générale pour la propagation du mûrier, est certainement celle du semis. Si de cette manière il naît quelquefois un certain nombre de plants dont la feuille est toute découpée, en faisant un bon choix de graines, on ne peut manquer d'obtenir d'excellents résultats, et des semis presque tous à feuilles larges et entières. Quoi de préférable en effet à des mûriers de cette nature, conservant dans leurs racines et dans leurs tiges une homogénéité parfaite! D'ailleurs le semis produit toujours des plants mieux appropriés à notre température que les espèces importées directement des pays chauds. Il est donc très-important d'apporter à la confection, au choix des graines, et aux semis, une attention toute particulière.

Il sera nécessaire que le mûrier destiné à fournir la graine ne soit pas dépouillé de ses feuilles ; il serait même fort convenable de le laisser en repos un ou deux ans d'avance.

Les mûres devront être recueillies en parfaite maturité, sur un arbre formé, vigoureux, bien sain, à feuilles lisses, larges et entières, et de préférence sur un mûrier rose. Pour y procéder, on étend par-dessous des toiles grossières, et par des secousses réitérées on abat bien mieux les seules dont la graine soit parfaite; on laisse fermenter les mûres pendant deux jours, en petits tas, sur un plancher, dans un lieu bien aéré, pour achever de mûrir les graines. Ensuite, pour opérer le lavage, on écrase et on broie avec la main les mûres dans un baquet, en y mêlant de l'eau à mesure ; on laisse reposer ; on écoule par le bord du vase; l'eau entraîne avec elle les matières qui surnagent, et la graine se dégage ainsi de sa pulpe et des mucosités qui l'environnent. On répète cette opération jusqu'à ce que la bonne graine reste pure au fond du vase, où la précipite sa pesanteur; on l'en retire pour la faire sécher à l'ombre dans un lieu couvert. Il faut ensuite la renfermer à l'abri de la gelée, dans un lieu frais sans humidité, et sec sans aucune chaleur, où on la conservera dans des boîtes ou des sacs jusqu'à l'époque la plus favorable pour la semer.

Presque tous les auteurs qui ont écrit sur le mûrier attestent que sa graine perd la faculté de germer au bout d'un an. Nous avons souvent éprouvé le contraire; plusieurs fois des semis de graines récoltées de deux ou trois ans nous ont donné des réussites qui ne laissaient rien à désirer. Toutefois, comme il pourrait arriver que la graine ne recevrait pas tous les soins convenables, il faudra toujours choisir de la graine de l'année de préférence à toute autre.

Quelques personnes, aussitôt que la mûre est recueillie, la sèment immédiatement sans la dépouiller de sa pulpe, et obtiennent dès la même année des plants, mais de petite dimension. Ce procédé, impraticable dans les pays froids, ne fournit jamais que des mûriers faibles et délicats, que la moindre gelée peut altérer et détruire. Les semis exécutés au printemps surpassent toujours en force et en qualité ceux que l'on a exécutés même dès l'automne précédent.

C'est donc dans le courant du mois d'avril, plus tôt ou plus tard, selon le climat et la saison, mais toujours à l'époque où les froids ne seront plus à craindre, et lorsque la terre commence à se réchauffer, qu'il faudra opérer les semis de mûriers; le terrain aura dû être préparé longtemps à l'avance, et autant que possible avant l'hiver.

On choisira une position chaude, bien abritée du nord, un sol frais, léger, meuble, perméable aux racines ; on aura soin de le fumer convenablement d'avance en le défonçant, afin que le fumier soit entièrement consommé et réduit en terreau au moment de l'opération. Il faut éviter également l'excès d'humidité et de sécheresse ; la terre sera enfin complétement divisée et même émiettée, et bien purgée d'herbes et de racines, en recevant le dernier travail de préparation.

Le terrain destiné au semis sera distribué, pour la commodité du travail et des arrosements, en planches de 35 à 40 centimètres de largeur, séparées par des sentiers de même dimension ; le sol de chaque planche doit être un peu élevé au-dessus du sentier, aplani avec soin, et ensuite serré avec un léger rouleau; on tracera au cordeau dans la planche, à 20 centimètres de distance, deux rigoles parallèles dans le sens de la longueur, et de 2 centimètres de profondeur. La graine sera disséminée fort clair et régulièrement dans ces rigoles ; après l'avoir semée, on recouvrira toute la surface de la planche d'une couche de 2 centimètres de terreau bien consommé et pulvérisé, ou de sable très-fin, ou bien encore de terre de bruyère sableuse, recouverte d'un peu de terreau.

Quelques jardiniers exécutent leurs semis en répandant les graines à la volée sur toute la superficie des planches bien soigneusement aplanies; par cette méthode, les plants qui en proviennent sont ordinairement trop serrés ou inégalement espacés ; par conséquent ils reçoivent moins d'aération et s'aoûtent plus difficilement; il y a aussi moins d'aisance pour les arrosements et les sarclages.

Il est impossible de fixer bien exactement la quantité de

graines à répandre sur une surface déterminée ; le semis le moins épais et le plus régulier sera toujours le meilleur. Un semis de bonne graine bien exécuté et bien entretenu doit produire de cent à cent cinquante milliers de jeunes plants de mûriers par kilogramme.

Après l'opération, si le temps est sec, des arrosements très-fréquents au moment de la plus forte chaleur de la journée avanceront la germination de la graine. Au bout de quinze à vingt jours, si la graine est bonne et nouvelle, les jeunes plantules paraissent ; il faut alors arroser le soir et le matin, et éviter toujours le moment du soleil, qui brûlerait les cotylédons naissants. On aura soin de tenir constamment le semis bien nettoyé d'herbes, et lorsque les jeunes mûriers auront formé quelques racines, un léger binage exécuté avec attention entre les deux lignes entretiendra la perméabilité du sol ; on doit aussi éclaircir délicatement le jeune plant, s'il a poussé trop épais.

En ne négligeant aucune de ces précautions et celles plus communes qu'exigent généralement les semis de toute espèce, on obtiendra, dans les bonnes années, des plants de mûriers dont la majeure partie atteindra la hauteur de 40 à 50 centimètres dès la première saison ; l'espace laissé libre entre les lignes leur permettra de pousser des racines nourries, fortes et chevelues. Ces jeunes pourettes seront très-propres à la formation des pépinières.

Si les jeunes mûriers du semis n'ont pas tous acquis dans l'année la hauteur et la force désirées, et que l'on veuille seulement en utiliser les plus beaux, il ne faudra pour cela se servir d'aucun outil ; au printemps suivant on arrosera copieusement toute la planche, et on arrachera avec la main les plants assez forts, en prenant garde de ne pas les tordre ni les briser, et de ne pas endommager ceux qui restent.

Les mûriers conservés dans le semis seront alors rabattus à un œil, avec un instrument bien tranchant ; on les ébourgeonnera ensuite pour ne leur laisser que la tige la plus vigoureuse et la plus droite, et on leur donnera les soins nécessaires ; de cette manière ils parviendront facilement à la hauteur de 60 à 100 centimètres, et seront propres à mettre immédiatement en place pour haies, basses tiges et bordures. On doit arracher les pourettes de deux ans et plus, en défonçant la planche de toute la profondeur des racines.

Nous avons hautement signalé la préférence bien méritée que l'on doit aux mûriers francs de pied provenant de semence, comme plus vigoureux et plus propres à résister aux maladies et aux rigueurs des hivers; en effet, l'identité parfaite de toutes leurs parties dès leur origine et dans leur premier développement est un gage assuré de leur réussite et de leur prospérité toujours croissante. Le mûrier affranchi par la bouture ou par la marcotte offre-t-il les mêmes avantages?

Ces deux procédés sont, il est vrai, une voie assez sûre de propagation des variétés les plus estimées de mûriers; mais les sujets qui en proviennent acquièrent bien rarement la force et la hauteur de ceux élevés de graines, et même des mûriers greffés convenablement; ils ne peuvent guère servir qu'à former des tiges basses et des nains : nous devons en rechercher les causes.

Dans les mûriers provenus de graines, le système des racines est complet dans son organisation, et parfaitement en rapport avec toutes les parties du tissu ligneux qu'elles alimentent; dans les boutures et les marcottes, au contraire, la tige est préexistante aux racines qu'on la force de produire, et lesquelles pendant longtemps encore auront de la peine à lui procurer sa nourriture. Il est inévitable que pendant cet espace de temps le tissu ligneux ne soit plus ou moins altéré. En outre, les racines bien faibles que produisent les boutures et les marcottes ne partent souvent que d'un seul côté, et toujours des parties les plus extérieures de la tige, sans aucune communication avec les fibres intérieures qui souffrent considérablement de cette solution de continuité; ce n'est qu'après plusieurs années que ces plants prennent un peu de force, mais jamais sans porter des traces de leur première débilité.

Peut-être aussi les espèces de mûriers à larges feuilles, généralement natives et importées des pays chauds, ont leurs propres racines plus délicates sur le terrain. Elles demandent donc dans nos climats d'être superposées par la greffe à l'espèce type plus robuste, et résistant mieux aux intempéries des saisons et aux variations atmosphériques et hygrométriques; on soustrait ainsi leur partie la plus tendre et la plus sensible aux sinistres effets de l'humidité, du gel et des changements subits de température.

Multiplication par boutures.

Voici la meilleure méthode pour faire de bonnes boutures : On cueillera en février de jeunes rejetons de l'année, de l'espèce que l'on veut reproduire, en ayant soin de laisser à leur base deux ou trois centimètres de vieux bois; on les conservera jusqu'au printemps, enterrés dans du sable frais, à l'ombre, ou dans une cave. Dans le courant d'avril, après les gelées, on préparera une planche de bonne terre, douce, meuble, légère, mélangée de terreau et bien remuée; on ouvrira par un bout de la planche, dans toute sa longueur, une fosse de 40 centimètres de large et de 25 à 30 de profondeur; on couchera dans cette fosse, le plus horizontalement possible d'abord, une dizaine de branches, dont on relèvera perpendiculairement l'extrémité supérieure, en prenant garde de ne pas rompre le coude; on les laissera sortir de terre d'environ 8 centimètres, ou au moins quatre ou cinq bons yeux; le rameau sera conservé dans toute sa longueur, sans même retrancher l'extrémité qui aurait pu être endommagée par le froid. Cette première rangée terminée, on la recouvre de terre, et l'on procède de la même manière jusqu'à la fin de la planche, et tant qu'on aura de boutures à exécuter.

Les boutures ainsi traitées réussissent assez bien; il en manque fort peu, si on leur donne les soins nécessaires; on pourra les relever dès la deuxième ou la troisième année, pour les mettre en place, ou encore mieux en pépinière.

### Multiplication par marcottes.

Les marcottes s'exécutent de plusieurs manières : celle que l'on emploie le plus ordinairement consiste à recouper au printemps un jeune mûrier dans sa force, à 15 centimètres au-dessus de terre, et toujours au-dessus de la greffe; il en sortira en abondance des tiges longues et vigoureuses; l'année suivante on formera autour de la souche une butte avec de bonne terre mêlée de terreau, que l'on recouvre d'un peu de paille de fumier. On aura soin de maintenir le terrain frais auprès des marcottes. Au bout de deux ans on en retirera de bons plants, pourvus d'assez bonnes racines. Aussitôt que les marcottes seront séparées, il faudra découvrir immédiatement le pied-mère de la terre du butage, et recouper proprement les chicots. Le sujet pourra servir de nouveau à la même opération, après une ou deux années de repos.

On peut aussi provigner les jeunes branches de mûrier par la méthode ordinaire employée pour multiplier la vigne, en les courbant avec précaution dans une petite fosse, sans couvrir la souche de terre. Nous devons faire connaître aussi la méthode chinoise indiquée par l'honorable M. Puvis, président de la Société royale d'agriculture de l'Ain, laquelle consiste à coucher horizontalement dans toute leur longueur toutes les jeunes branches d'un mûrier dans un petit sillon de trois centimètres de profondeur. Chaque bourgeon qui en provient cherchera bientôt, en poussant, à reprendre par son extrémité supérieure sa position verticale. Aussitôt qu'ils auront acquis un peu d'ac-

croissement, on recouvrira successivement la branche couchée
avec un terreau léger, jusqu'à la hauteur de 12 à 15 centimètres.
Les nouvelles tiges, se trouvant à leur base dans un milieu entretenu frais par de fréquents arrosements, ne tarderont pas à
émettre des racines, et à former chacune un petit arbre pourvu
de tous les organes nécessaires à son existence individuelle.

Ces diverses opérations donnent un résultat plus prompt et
plus assuré, lorsqu'elles sont aidées simultanément par les en-
tailles, les torsions, les ligatures et autres pratiques employées
ordinairement dans le marcottage.

La greffe ne pouvant être considérée comme un moyen réel
de multiplication, mais seulement de modification et de trans-
formation d'un mûrier de qualité inférieure en une espèce plus
désirée, nous devons en renvoyer la description en son lieu,
aux chapitres suivants.

# CHAPITRE VI.

### DE LA PÉPINIÈRE.

Rien n'est plus indispensable que le choix d'un bon terrain
pour élever convenablement les jeunes mûriers. C'est là qu'ils
doivent puiser les principes de force et de robusticité par le
moyen desquels ils deviendront par la suite des arbres vigoureux
et d'un grand rapport, ou bien les germes des maladies qui
amèneront infailliblement leur perte prématurée. Il est donc
très-important que ce choix soit fait de manière à leur procurer
toutes les conditions possibles d'une réussite future et d'une
longue vitalité.

Est-il nécessaire que le terrain destiné aux pépinières de
mûriers soit précisément de la même qualité que celui dans
lequel ces arbres seront plantés ultérieurement? S'il y avait
possibilité et même facilité d'en agir ainsi dans tous les cas, on
peut certes croire qu'il n'y aurait aucun inconvénient; mais il
est absurde de prétendre qu'il y ait nécessité absolue à n'employer pour l'éducation des mûriers que la même nature de
terrain que celle où ils seront placés par la suite; l'expérience
la plus journalière est la preuve du contraire.

Le mûrier étant le plus souvent planté à demeure dans des
terrains très-médiocres où il est d'un assez bon produit, il
serait très-funeste aux jeunes plants de les élever dans un sol
de même nature, qui ne fournirait pas la substance nécessaire
à leur premier développement, et ne livrerait que des arbres

rachitiques, à troncs noueux et raboteux, formant des têtes de saules, et dépourvus de bonnes racines.

Quels moyens emploie-t-on ordinairement dans ce cas pour obvier à la pauvreté du sol? L'abondance des engrais, abus d'autant plus déplorable qu'il ne procure qu'une végétation factice et momentanée, et que la surexcitation de leurs ferments est la cause originaire des maladies qui détruisent nos plantations.

Un terrain médiocre surchargé d'engrais peut, par leur secours, donner en apparence au jeune mûrier, pendant la première et la deuxième année de pépinière, une aussi grande vigueur que celle qu'il reçoit naturellement dans un bon terrain; le jeune plant peut même instantanément paraître en profiter davantage : mais un mûrier ne s'élève guère en deux ans ; et cependant, après ce terme au plus tard, le fumier a perdu sa force, l'arbre est réduit aux ressources primitives du terrain; les chevelus ne trouvant plus une alimentation bien appropriée dans un sol cru et grossier, se dessèchent ou chancissent; les racines-mères, les seules capables de résister, s'étendent pour chercher au loin une nourriture suffisante ; les canaux séveux et les vaisseaux ligneux, qui, par l'excitation de l'engrais, avaient acquis un volume considérable, s'oblitèrent et se dénaturent ; les parties les plus tendres et les plus délicates, la moelle et les rayons médullaires sont totalement désorganisés, l'écorce se gerce, la séve, gênée dans sa circulation, s'appauvrit insensiblement; enfin l'arbre tout entier éprouve de telles atteintes, qu'il est fort rare de l'en voir se rétablir.

Voilà la principale source des infirmités qui attaquent les arbres en général, et particulièrement les mûriers, et dont le dénoûment est une mort prochaine ; c'est l'abus du fumier dans leur éducation et leur culture. Nous prouverons même, par la suite, que, dans les plantations même les plus florissantes, cet abus entraîne avec lui les plus grands désastres, et nous ne balancerons pas à rejeter en grande partie sur lui la dégénération des végétaux, attribuée par M. Puvis à la vieillesse et à la caducité des espèces.

Les mêmes raisons militent contre l'éducation des mûriers dans les contrées peu favorisées du climat, éducation conseillée cependant par quelques auteurs, sous la prévention que le sujet doit acquérir ainsi une robusticité particulière à chaque pays, et subir une espèce d'acclimatation; tandis qu'il est bien reconnu que chaque espèce conserve partout et toujours le degré de sensibilité et de délicatesse qui lui est propre, et qui ne peut être qu'augmenté par les contrariétés qu'éprouve un sujet dans son bas âge. Pourrait-on d'ailleurs espérer d'obtenir dans un pays froid des tiges droites, fortes, lisses et bien mûres, premiers éléments de réussite ? La greffe y donnerait-elle de bons résultats ? Et n'y aurait-il pas imprudence à confier l'éducation des mûriers à des mains inhabiles ou inexpérimentées, pour que ces arbres portent pendant toute leur vie les stigmates de leur jeunesse souffrante ?

Qu'est-ce que la pépinière ? Un lieu où les mûriers sont élevés pour diverses destinations, le plus souvent très-opposées ; un lieu où il ne doit manquer rien de nécessaire à l'existence et même à la prompte croissance des arbres ; un sol qui leur procure d'abondantes racines et fournisse des tiges saines et fortes, sans excès exubérants de végétation, pour que les jeunes élèves, à l'époque de leur transplantation, soient munis d'organes propres à les faire réussir en tout terrain, et à résister à diverses expositions. Il importe aussi que les mûriers ne séjournent pas trop dans les pépinières, afin qu'ils n'aient pas le temps d'y perdre le chevelu de leurs racines, si avantageux pour faciliter la reprise ; et cependant il est absolument indispensable que leur tige, surtout lorsqu'elle est un peu élevée, ait acquis la robusticité nécessaire contre les vents et les frimas, et que leur écorce ne soit plus assez délicate pour souffrir des variations de la température, et surtout de l'excès de la chaleur.

Ce n'est que dans un bon terrain et sous un ciel favorable que les jeunes mûriers pourront promptement et sûrement acquérir tous ces avantages. Loin de nous cependant l'idée de placer les pépinières dans ces terrains rares et extraordinairement privilégiés, qui donneraient aux jeunes plants une force et une vigueur factices qu'ils ne pourraient soutenir après leur déplacement ; mais qu'on ne nous vante plus l'éducation des mûriers dans des terrains de mauvaise qualité, lorsqu'il est parfaitement reconnu qu'on est forcé de les améliorer par des mélanges de bonnes terres, et de les saturer de fumier pour y obtenir une végétation momentanément active.

Il faudra choisir de préférence une exposition chaude et livrée de toutes parts au soleil, qui accélère la maturité des tiges ; une situation bien aérée, sans abri et surtout sans ombrage ; une pente peu rapide, inclinant vers le midi ; un sol doux, perméable, léger, non sujet à la sécheresse, et cependant exempt de toute humidité permanente.

La plantation en pépinière doit avoir lieu avant ou après les froids, et même encore au moment où le mûrier est sur le point d'entrer en végétation. Le terrain aura dû être défoncé à 60 centimètres de profondeur, et, s'il le faut, médiocrement fumé dès l'automne précédent. Au moment de procéder à la plantation, on donnera encore un nouveau travail à la bêche, pour relever la terre et la mettre dans l'état le plus favorable.

On choisira de la belle pourette d'un an ou deux, de la grosseur au moins d'une plume d'oie, munie de bonnes racines, autant que possible fraîchement arrachée, et surtout qui n'ait pas été détériorée par la sécheresse, la moisissure ou le gel; la tige sera abattue avec un bon instrument à 10 ou 12 centimètres de long, c'est-à-dire au-dessus du troisième œil, en donnant à la coupe une légère obliquité; on laissera à la racine principale une longueur de 25 à 30 centimètres, plus ou moins, selon sa force, et on aura soin d'ébarber court les jeunes chevelus qui en proviennent.

Quelques personnes retranchent seulement la cime du jeune mûrier après la plantation, ou même lorsque la végétation s'est déjà manifestée. Ce procédé, outre la perte de temps, a l'inconvénient de déranger le jeune plant après coup, et même de l'arracher quelquefois, et d'épuiser le sujet au profit d'une portion de tige inutile.

Pour procéder à la plantation, on place parallèlement deux cordeaux, dans la direction du nord au midi, à 75 centimètres de distance l'un de l'autre; l'ouvrier se munit d'un bon plantoir de bois dur, portant une marque de 70 centimètres de long, espace suffisant pour mettre entre chaque plant dans la ligne. Après avoir enfoncé dans le sol, à la tête du cordeau, son plantoir de toute sa profondeur, en le retirant il introduit et maintient avec la main gauche le mûrier dans le trou jusqu'au collet, et il l'assujettit en piquant plusieurs fois son plantoir et en pressant la terre tout autour des racines, avec le plus grand soin de ne pas les atteindre et les blesser. Il continue ainsi sa première et sa seconde ligne jusqu'à la fin, en plaçant chaque sujet à 70 centimètres de distance, suivant la mesure du plantoir; il replace ensuite les cordeaux pour planter la troisième et la quatrième ligne, et se tient toujours entre les deux cordeaux pour planter de chaque côté; de cette manière, la moitié seulement du terrain sera foulée aux pieds par bandes alternatives, soit entre la première et la deuxième ligne et entre la troisième et la quatrième, et ainsi de suite, ce qui évite beaucoup de travail pour le relever, et maintient pour quelque temps le sol dans un bon état.

Lorsque le temps est chaud et très-sec, un mouillage au bec d'arrosoir peut être d'une grande utilité, et favoriser puissamment la reprise.

Quelques auteurs présentent comme excellente la méthode de planter les pourettes de mûrier sans leur retrancher la moindre partie de leurs racines; ils prétendent surtout que le pivot doit être conservé de toute sa longueur, comme nécessaire à la future prospérité de l'arbre, et surtout à la solidité de sa tige ; que l'on doit faire avec un long plantoir ou un pieu de fer, un trou très-profond, dans lequel il faut introduire la racine tout entière.

Dans l'état actuel de la culture, cette pratique est une des plus défectueuses. En effet, ou le jeune mûrier ainsi planté aura déposé son pivot dans une terre bien meuble et nourrissante, et alors ce pivot y prendra une grosseur considérable, aux dépens des racines latérales dont il supprimera totalement l'extension ; un tel mûrier, à la transplantation, sera nécessairement rejeté par tous les planteurs, qui n'entreverront chez lui aucune chance de reprise ; ou bien encore, et le plus souvent, le pivot rencontrera-t-il un sol cru, serré ou humide et infertile, dans lequel il éprouvera de graves altérations, et il communiquera par la suite à l'arbre tout entier les infirmités dont il est atteint lui-même.

La racine du mûrier cultivé n'est pas naturellement pivotante, elle ne l'est réellement que dans la jeunesse de l'individu. Il y a un énorme avantage à donner, dès le principe, du développement à ses parties latérales plus à portée de recevoir les fluides aériens, et toujours sûres de rencontrer le meilleur terrain, les cultures et les engrais. D'ailleurs, s'il existe dans le sous-sol une veine cachée de bonne terre, la racine du mûrier, quoique raccourcie, sait très-bien la rencontrer et y pénétrer de toute sa profondeur. Généralement, les racines du mûrier se portent dans toutes les directions, à peu de distance de la surface de la terre cultivée, et, par leur distribution tout autour de l'arbre, elles le maintiennent dans un parfait équilibre.

Quelques jours après la plantation, alors que les lignes de jeunes plants commencent à montrer leur verdure, on relèvera par un binage la terre des sentiers que l'on aura pratiqués en plantant. Le meilleur moyen de suppléer aux engrais sera de tenir constamment la terre nette d'herbes, et de ne lui jamais laisser le temps de se durcir et de se resserrer. Nous avons toujours éprouvé qu'il est bien moins coûteux dans une pépinière d'entretenir constamment le terrain en bonne culture par des labours multipliés, que d'attendre qu'il soit devenu compacte par l'effet des pluies et des sécheresses. Dans un sol bien remué, les moindres pluies pénètrent jusqu'aux racines ; et dans les plus grandes chaleurs, l'humidité seule de l'air qui s'abaisse pendant la nuit, les conserve dans un état suffisant de fraîcheur. La perméabilité du sol est aussi le seul moyen de procurer aux racines un abondant chevelu.

Bientôt les jeunes mûriers repoussent du pied un certain nombre de rejetons, dont il faut soigneusement choisir et con-

server le plus fort, le plus droit, et de préférence le plus rap-
proché du collet, en ébourgeonnant proprement tous les autres.
La tige conservée pourrait quelquefois parvenir, dès la première
année de plantation, à plus d'un mètre d'élévation, et souvent
même jusqu'à la hauteur fixée pour la couronne ; mais elle
n'aurait pu acquérir en même temps une grosseur suffisante et
proportionnée à son prolongement, et il serait toujours
ainsi nécessaire de la rabattre l'année suivante. On devra se
borner, la première année, à lui donner le plus de force possible ; c'est pourquoi il ne faudra supprimer les branches latérales que de 12 à 15 centimètres au-dessus de terre, et laisser
toutes les autres croître en pleine liberté. Par ce moyen, la
tige unique sera bien nourrie, nette jusqu'à une hauteur suffisante, et propre à recevoir, la seconde année, une recoupe
définitive ou la greffe, lorsqu'on juge à propos de l'appliquer
sur d'aussi jeunes sujets.

Au commencement de la deuxième année de pépinière, peu
de temps avant le départ de la séve, on rabattra de nouveau le
jeune plant au-dessous du troisième œil, et on aura soin de
l'ébourgeonner sur un seul brin, comme l'année précédente.
C'est ordinairement dans le cours de cette année qu'il doit
prendre son crû et arriver à sa hauteur ; il ne faudra donc rien
négliger pour lui donner en même temps une force équivalente.
Pour y parvenir il existe deux méthodes dont l'application doit
avoir lieu selon la différence du climat et du terrain.

Dans un bon sol et sous un climat favorable, la tige d'un
replant de deux ans peut facilement atteindre, dans une saison,
deux mètres et plus d'élévation avec une force correspondante.
Dans une position pareille, on élaguera successivement avec un
petit greffoir ses bourgeons latéraux naissants ; ce qu'on doit
faire le plus délicatement possible, sans endommager la couronne du bourgeon ni la feuille nourrice qui le supporte. Ces
feuilles prennent alors beaucoup de développement, et suffisent
à elles seules à nourrir le sujet, et à lui fournir la force et la
grosseur convenables ; ainsi, la tige se conservera parfaitement
lisse, et ne sera pas endommagée par les incisions que lui
aurait causées par la suite le retranchement des branches latérales, si on les avait laissées former et prendre de l'accroissement.

Sur les terres médiocres, au contraire, et dans un climat plus
froid, où le mûrier atteint à peine, dans la seconde année, un
mètre d'élévation sur une tige mince et grêle, souvent même
rabattue par le froid ; si on veut l'élever plus haut en tige, on
ne peut guère obtenir ce résultat qu'en deux ou trois ans.
Comme il devient alors nécessaire d'augmenter sa force par tous

les moyens en notre pouvoir, on ne retranche aucune des branches latérales, on en supprime seulement une partie après la première séve, en réduisant celles qui restent au tiers de leur longueur; elles arrêtent ainsi la séve dans le jeune sujet, qu'elles renforcent considérablement. L'arbre n'a pas atteint encore dans cette saison la hauteur désirée; au printemps de la troisième année, on taillera la branche terminale sur un bourgeon mûr et vigoureux, que l'on forcera à prendre une direction verticale pour remplacer la flèche, et pour former un pied bien droit.

On supprimera ensuite peu à peu les chicots restant des branches latérales de l'année précédente, et on en formera d'autres de la même manière dans la partie supérieure. Il est toujours plus avantageux d'élever, lorsqu'on le peut, les mûriers d'une seule tige; les canaux séveux étant plus directs, l'arbre est moins sujet aux saignées que lui causent les nombreuses cicatrices qu'il reçoit par le dernier procédé.

Si les mûriers, après une deuxième recoupe, ne peuvent encore atteindre la force et l'élévation nécessaires, il faudra les rabattre une troisième fois, et les traiter alors comme il est indiqué pour la deuxième année.

### Formation de l'embranchement.

C'est vers le printemps de la troisième ou de la quatrième année que l'on doit s'occuper de la formation de l'embranchement, opération en tous points essentielle, car elle a pour but de renforcer la tige, de faciliter ultérieurement la cueillette, de former la tête à une élévation déterminée, et enfin de distribuer la séve en de nouveaux canaux sains et capables de la répandre également et avec abondance dans les rameaux qui en procèderont. Un mûrier auquel on n'aura pas formé de tête en pépinière devra être forcément soumis, au moment de la transplantation, à la mutilation violente de sa partie supérieure, pour l'arrêter à la hauteur désirée. Combien cette opération, pratiquée à l'instant où l'arbre a besoin de toutes ses forces et de ses ressources pour reprendre, ne lui sera-t-elle pas plus douloureuse qu'exécutée en pépinière pendant l'adolescence du sujet, alors qu'il peut promptement réparer cette cicatrice ?

On choisit, à la hauteur voulue pour la cime de la tige, quatre ou cinq bourgeons mûrs et bien sains, destinés à former autant de branches; on supprime la partie supérieure de la tige au-dessus de ces bourgeons, et on a soin de retrancher, à mesure qu'ils paraissent, tous les nouveaux jets qui renaissent en dessous.

L'embranchement pourrait se former sur trois et même sur deux membres ; ce dernier nombre serait peut-être même favorable, parce qu'il ne formerait aucune cavité sur la réunion des branches, et qu'il y aurait ainsi moins à redouter les amas de pluie, de neige et de verglas, si nuisibles à ces arbres ; mais il sera toujours utile, en formant la tête du mûrier, de lui laisser momentanément quelques branches surnuméraires pour attirer fortement la sève au sommet, et remplacer leurs pareilles qui viendraient à périr par maladie ou par accident.

Dans certains climats où le mûrier n'acquiert qu'avec beaucoup de peines et de soins une force suffisante, au lieu de supprimer immédiatement les bourgeons latéraux qui surgissent de la tige, on éloigne seulement les plus voisins de la tête, et on ne finit de retrancher les autres que progressivement et de bas en haut, depuis le déclin de la première séve jusqu'à la fin de la seconde. Dans tous les cas, il faudrait laisser croître les branches de la tête en pleine liberté.

Lorsque la couronne de l'arbre sera définitivement formée, on ne négligera pas de retrancher immédiatement tous les rejets qui se reproduiront en dessous.

On rencontre souvent, dans le Midi, des plantations de mûriers élevés à haute tige jusqu'à la hauteur de deux mètres et demi, et même approchant de trois mètres. Nous ne conseillerons jamais l'emploi de ces arbres aux planteurs des départements du centre et du nord ; nous leur recommanderons même d'accorder toute préférence aux sujets dont la tige ne porte pas plus d'un mètre et demi à un mètre 75 centimètres d'élévation, comme plus robustes, jouissant d'un plus prompt accroissement, et plus commodes pour la facilité de la cueillette.

Les mûriers que l'on destine à former des demi-tiges ou des basses-tiges recevront à peu près le même traitement. Mais ici l'opération de l'embranchement pourra s'exécuter dès la deuxième ou troisième année de pépinière.

Pendant tout le temps que les jeunes élèves séjourneront dans le lieu destiné à leur éducation, on aura soin de les entretenir en bonne et active végétation, par les travaux et les labours les plus fréquents au printemps ; on donnera un premier travail à la bêche, en prenant garde de ne pas endommager les racines ; ensuite, pendant toute la durée de la bonne saison, et jusqu'après la chute des feuilles, un binage par mois maintiendra le terrain dans une perméabilité continuelle.

Dans une pépinière ainsi traitée et placée dans un sol convenable, on peut, dès la quatrième année, relever des sujets d'un mètre et demi à deux mètres de hauteur, et de 10 à 15 centimètres de tour, à tige mûre, lisse et robuste, munis d'une

écorce bien saine, et surmontés de fortes branches propres à
recevoir avantageusement la taille de plantation.

## CHAPITRE VII.

### DE LA GREFFE.

La greffe étant considérée comme un moyen d'améliorer le
produit d'un mûrier à feuillage découpé ou d'une qualité médiocre, par la superposition d'une variété reconnue comme
plus avantageuse, ce serait une bien funeste erreur que de s'en
servir pour le transformer en une espèce qui n'aurait en sa
faveur que les apparences, et dont l'énorme feuillage contien-
drait moins de principes nourrissants et soyeux que la feuille
la plus laciniée, sans énumérer en outre les inconvénients
attachés au défaut de robusticité des tiges plus poreuses et plus
délicates.

Dans l'usage des mûriers greffés, ce n'est pas l'emploi même
de la greffe ni celui des sujets multipliés par ce procédé, sur
lesquels retombe notre blâme ; mais plutôt sur le choix d'un
certain nombre de variétés propagées par ce moyen, et dont
la plupart, nées sous un ciel trop chaud, sont impropres aux
pays froids, et doivent être sévèrement proscrites de nos
cultures.

Que l'on s'attache donc à ne multiplier que les variétés les
plus appropriées à chaque climat, et dans le nôtre, les moins
sensibles au froid, et celles qui sont douées d'une grande vigueur ; la greffe sera bientôt disculpée des graves reproches
qu'on lui adresse, et des maléfices attribués à son influence. Si
la greffe causait en effet sur les mûriers d'aussi grands ravages
que le prétendent quelques auteurs, on verrait alors les maladies
qui les attaquent naître le plus souvent au siége même de
l'opération, tandis qu'elles se manifestent presque toujours
le long de la tige ou sur les divers embranchements qui for-
ment sa tête.

Lorsqu'on aura des mûriers à greffer, il faudra, dans le courant de février, au moment où la séve commence à enfler les
bourgeons, cueillir, sur un sujet sain et vigoureux, de l'espèce
que l'on veut multiplier, de jeunes rejetons de l'année, bien
mûrs et de diverses grosseurs. Pour les conserver jusqu'au
moment le plus propice, qui, suivant la saison et selon l'état
de l'atmosphère, peut être plus ou moins retardé, on les en-
terre à l'exposition du nord, dans du sable fin et frais, à l'abri

des variations de chaleur, en laissant sortir un ou deux boutons hors de terre.

Greffe en écusson à œil poussant.

Sur la fin d'avril ou dans le courant de mai, on choisit une belle journée chaude et sèche, sans menace de pluie ni d'orage, pour procéder à la greffe en écusson. Cette opération s'exécute sur le mûrier de la même manière que sur les autres végétaux ligneux : on enlève délicatement avec le greffoir, sur la branche portant les greffes, un bon œil muni tout autour de son écorce en forme d'écusson, que l'on insère immédiatement dans une double incision semblable à un T, pratiquée sur l'écorce à la base du sujet ; on a soin de faire coïncider exactement la partie supérieure de l'écusson avec l'incision transversale ; on rapproche les écorces divisées, et on les fixe avec des écorces de tilleul préparées, ou avec des fils de laine bien ajustés et serrés tout autour, lesquels embrassent tout l'appareil, à l'exception du bouton de la greffe, qui seul doit rester à découvert.

On doit exécuter la greffe en écusson sur bois de l'année ou de deux ans, et sur une partie de l'écorce bien lisse et bien unie ; il faut toujours appliquer l'écusson du côté où le vent domine dans le pays, et cependant éviter de le poser au midi. Huit ou dix jours après, si le beau temps n'a pas eu d'interruption, le bourgeon greffé commence à prendre de l'accroissement ; alors on rabat le sujet à 12 ou 15 centimètres au-dessus de l'écusson, en même temps on retranche tous les bourgeons autres que celui de la greffe, lorsqu'ils repercent sur le sujet. Après que l'écusson est parfaitement repris et solidement établi, il faut enlever la ligature ou la trancher par un coup de greffoir à l'opposé de l'écusson.

Un léger lien de jonc ou de paille humectée doit assujettir la jeune greffe dès son premier développement, pour qu'elle ne prenne pas une forme défectueuse, et pour la garantir contre les vents ; on la rattache ainsi contre le chicot qui la surmonte, et qui doit lui servir de tuteur jusqu'à ce qu'elle ait atteint la grosseur du sujet, ce qui a lieu vers la fin de la deuxième séve ; le chicot sera alors complétement supprimé.

Cette méthode, pratiquée avec soin, est la plus expéditive pour opérer en pépinière ; on s'en sert pour greffer au pied de jeunes pourettes de deux ans, qui produisent dans l'année des jets d'un à deux mètres de hauteur, appelés baguettes ou pourette greffée ; ou bien on l'exécute sur des replants de deux à trois ans disposés en pépinière pour former des arbres à haute et moyenne tige. Un bon ouvrier, aidé par un ou deux rattacheurs, peut facilement lever et appliquer dans un jour douze à quinze cents écussons.

La greffe en écusson à œil dormant, ou à la seconde séve, malgré quelques assertions contraires, n'est pas praticable en grand sur le mûrier; au moment où elle devrait avoir lieu, la jeune écorce est encore trop tendre, la séve trop aqueuse; la chaleur a perdu de son intensité, et le cambium mucilagineux de l'aubier ne peut plus composer un tissu cellulaire parfait ; aussi presque toujours cette greffe périt aux premières approches de l'hiver.

Greffe en flûte.

Elle s'exécute à la même époque et par le même temps que la greffe en écusson à œil poussant. On rabat sur bois d'un an la cime du sujet ou du rejeton que l'on veut greffer, à la longueur de 10 à 12 centimètres sur une partie où l'écorce soit bien unie ; on divise verticalement cette écorce en quatre ou cinq lanières de 4 ou 5 centimètres de long ; on les détache du bois, en les laissant cependant y adhérer par leur partie inférieure ; il faut alors préparer la flûte : c'est un tube d'écorce d'environ 3 à 6 centimètres de haut, muni d'un bon œil. Après avoir fait, en dessus et en dessous de cet anneau, une double incision circulaire, on l'enlève de dessus le bois en pressant et tournant l'écorce avec les doigts, avec quelques précautions nécessaires pour que l'œil ne soit pas évidé. Il faut choisir une flûte du même diamètre que le sujet à greffer, afin qu'unis ensemble, ils coïncident exactement ; on glisse le tube entre le bois et l'écorce jusque dans la partie inférieure des lanières, de manière à ce qu'il reste en dessus 2 ou 3 centimètres de bois du sujet dénudé de son écorce. On racle le cambium de ce bois sur les parois supérieures de la flûte, pour éviter les jours qui pourraient rester, et la garantir contre la pluie et le soleil. On relève enfin les lanières, et on les rattache au-dessus de la flûte sans recouvrir le bourgeon. La tige qui en provient sera traitée comme celle que produit l'écusson ; mais, dans l'une et l'autre méthode, le meilleur moyen d'obtenir une bonne réussite est toujours d'opérer avec beaucoup de dextérité et de promptitude.

Cette greffe, qui présente plus de sûreté et de solidité que la précédente, s'emploie aussi pour les jeunes plants en pépinière; mais elle est spécialement avantageuse pour greffer en tête des sujets déjà formés, dès la troisième année après la formation de l'embranchement. On peut aussi, par ce moyen, renouveler à la fois avec grand succès tous les rejetons d'un mûrier en y appliquant autant de flûtes.

La question à juger, s'il est préférable de greffer les mûriers au pied ou en tête, en pépinière ou à demeure, est depuis long-temps et sera encore vivement controversée. La première méthode nous paraît plus avantageuse ; exécutée en pépinière par des mains exercées, elle donne à la tige et à l'embranchement plus de rectitude et des formes plus propres à la plantation d'avenues symétriques. Cependant on peut objecter que les espèces étant naturellement plus sensibles aux variations de température que les sauvageons, une tige greffée au pied offre plus de prise à l'action de la chaleur et des frimas, ce qui la rend sujette à diverses infirmités. Il peut en résulter en effet quelques inconvénients, mais seulement pour les pieds d'une grande élévation.

Quoi qu'il en soit, on découvre souvent après coup, dans une exploitation, des mûriers dont le feuillage est tellement déchiqueté, qu'il est impossible de les conserver dans cet état ; il faudra d'avance préparer l'arbre à la greffe par une taille avant la séve, un peu rapprochée sur de fortes branches ; l'année suivante on posera une flûte sur chaque rejeton. Pour des arbres un peu plus forts, il est important d'en fixer un certain nombre, afin d'attirer vigoureusement la séve.

## CHAPITRE VIII.

CLIMATS, TERRAINS, EXPOSITIONS PROPRES A LA CULTURE
DU MURIER.

Des opinions opposées ont longtemps divisé les écrivains sur la fixation des dernières limites où peut fructueusement pro-spérer le mûrier. Sans entrer dans les discussions qui ont eu lieu à ce sujet, nous reconnaîtrons que, des expériences tant anciennes que récentes, il résulte invinciblement la preuve que la majeure partie de nos départements est propice à cette culture.

Le mûrier, en effet, peut subsister à une température assez basse ; nous admettrons même qu'il puisse braver impunément les hivers les plus rigoureux, et jusqu'à vingt degrés de froid, sans être notablement altéré dans ses tissus ligneux ; mais trop au nord, le dépouillement des feuilles, après une végétation tardive, devient sûrement funeste aux jeunes rejetons, et sa répétition ne peut que faire périr en peu d'années le sujet par épuisement.

C'est surtout par l'application fréquente de la taille d'été que l'on parvient à aggraver le mal, et à prouver l'évidence de nos assertions. Dans le parc royal de Neuilly, nous avons vu, en septembre, des mûriers taillés à la fin de juin, suivant la méthode du Midi, lesquels à cette époque déjà si avancée n'avaient encore montré presque aucune apparence de végétation. De l'aire des coupes découlait une humeur visqueuse et noirâtre; l'hiver devait bientôt surprendre ces arbres dans cet état de torpeur, et les y maintenir jusqu'au printemps de l'année suivante. Ils auront alors parcouru onze mois entiers sans donner signe de vie.

Quels végétaux pourraient longtemps subsister en recevant un pareil traitement? Ce n'est donc pas du climat que nous avons le plus à redouter les atteintes, mais bien de l'exécution des méthodes pernicieuses non appropriées aux exigences de la température et aux besoins de la végétation.

En conseillant autant que possible la grande extension de la culture des mûriers dans les contrées favorables qui en sont encore dépourvues, nous engagerons cependant les planteurs à éviter un excès, celui de les placer à des expositions trop froides, où leur produit serait de minime valeur, et la durée des sujets considérablement abrégée.

La culture de la vigne et celle du noyer dans le pays, ou à proximité, sont les meilleurs indices connus, et d'excellentes garanties de la réussite des mûriers. Il sera toujours prudent de ne pas s'exposer à une perte assurée, et sans aucune chance de succès, en l'absence d'indications certaines ou d'essais exécutés d'avance sur les terrains à planter ou dans le voisinage.

### Expositions.

Dans les provinces méridionales, où le mûrier est depuis de longues années comme naturalisé, où il jouit de toute la chaleur nécessaire à son développement, le choix de l'exposition n'est cependant nullement négligé; il est donc bien plus indispensable de s'en occuper davantage, à mesure que la localité sera moins favorisée par le climat.

Une situation trop élevée et sans abri offre trop de prise aux vents, aux gelées printanières, au givre, aux grêles et aux fortes averses; l'inclinaison trop rapide du sol gênerait la multiplicité des travaux si favorables à cette culture, elle rendrait onéreux et très-difficile le transport des engrais sur les lieux. L'exposition du nord est nuisible à la croissance des arbres, et surtout à la qualité de la feuille; dans les plaines profondes, l'humidité permanente retenue dans le sol par l'imperméabilité des couches inférieures, lorsque le terrain ne lui offre par défaut de pente aucun écoulement, présente un obstacle invincible à la réussite des plantations. On doit, par les mêmes motifs, éviter aussi les bas fonds trop ombragés, et les situations peu aérées et sujettes aux brouillards qui rouillent très-souvent les feuilles, et les rendent impropres à l'alimentation des vers à soie. Le mûrier, il est vrai, croît à merveille sur les têtes des prairies médiocrement arrosées, mais c'est quelquefois aux dépens de la qualité de sa feuille.

C'est donc à l'exposition générale du midi (sud-sud-est, sud-ouest), dans une situation chaude, aérée et naturellement sèche, qu'il faut exécuter les plantations de mûriers. Un coteau légèrement incliné, une plaine, un vallon fertile, défendus contre le terrible vent du nord, offrent toutes les conditions du succès le plus complet et le plus certain. Lorsque les abris naturels viennent à manquer, il y a possibilité de les créer, ou plutôt d'y suppléer : les murs, les haies, les plantations d'arbres touffus, du côté du nord, sont d'une utilité généralement reconnue dans les positions où les vents occasionnent des ravages.

Qualités et profondeur du sol.

Aucun arbre peut-être ne s'accommode aussi facilement des différentes natures de terrain que le mûrier, avec l'aide d'une culture appropriée à ses besoins, fréquente et bien entendue. L'argile compacte, le tuf, la marne pure et le sable aride, sont peut-être les seuls qui ne lui conviennent pas, quoique, par un travail opiniâtre et des amendements bien exécutés, on puisse encore souvent en tirer un bon parti. Mais il existe assez de terrains propres à recevoir des plantations de mûriers, sans les reléguer ainsi dans des positions défavorables, où leur culture devient beaucoup plus onéreuse, et leur revenu bien moins assuré, outre les chances de mortalité pour les arbres placés dans des conditions si désavantageuses.

Dans nos contrées montagneuses, la majeure partie des plantations sont établies dans des détritus de rochers graniteux ou calcaires, rompus et pulvérisés à grands frais, et mélangés avec le peu qui recouvrait leur surface ; là, si le produit n'est pas très-considérable, il est toujours au moins de la meilleure qualité.

Les terres franches, siliceuses ou mélangées dans de bonnes proportions d'argile légère et friable, de calcaire et de sable onctueux, en général toutes celles qui ne sont pas dépourvues d'humus, paraissent être le fonds de prédilection du mûrier ; là, il peut devenir un grand arbre, et parvenir à un âge très-avancé.

C'est là que l'on peut établir avec succès des plantations que nous pourrions appeler *naturelles*, par opposition avec celles non moins productives qui ne se soutiennent que par des moyens factices. Dans ces terrains privilégiés, souvent des arbres centenaires jouissent encore d'une croissance progressive.

Les sols de moindre qualité, quoique présentant moins d'avantages, pourront recevoir de notables améliorations, par le concours des travaux, des amendements et des engrais; ils sont propres à la plantation des mûriers destinés à une taille moins élevée.

La profondeur de 75 à 80 centimètres de terrain défoncé et perméable aux racines est de rigueur pour les moindres plantations de mûriers; encore dans les terrains peu fertiles on ne pourra placer que des arbres nains ou de petite dimension. Les arbres à hautes tiges exigent, pour étendre convenablement leurs racines et parvenir à leur accroissement, un mètre au moins de bonne terre.

Il serait très-défectueux, dans un sol à surface entièrement horizontale, dont le fonds est un roc pur, une marne compacte, ou tout autre terrain imperméable, de creuser seulement des traces pour planter les mûriers, et de les placer dans une espèce d'encaissement que les racines ne peuvent franchir, et où les eaux retenues comme dans un bassin auraient bien vite corrompu les tissus de ces organes. Dans ce cas, il est nécessaire de rompre tout le terrain à la fois, ou du moins par bandes parallèles et alternatives dans le sens de l'alignement des arbres, et du côté qui pourrait offrir le plus d'écoulement.

Les moyens d'amélioration et de préparation des terres pour la plantation du mûrier seront expliqués et détaillés dans un chapitre spécial.

## CHAPITRE IX.

### PRÉPARATION DU TERRAIN, TRAVAUX PRÉLIMINAIRES.

Planter le mûrier dans des fosses de la moindre dimension, sans aucune préparation du terrain, et l'abandonner ensuite sans soins et sans labours, c'est le reproche que l'on peut généralement adresser aux cultivateurs qui ne connaissent pas l'importance et les difficultés de cette culture. Un arbre ainsi négligé ne pourra faire aucuns progrès, si même il ne dépérit promptement; et l'on accuse le climat ou le terrain d'être défavorables, tandis que le manque de réussite n'est ordinairement causé que par le défaut des travaux et des amendements les plus indispensables. Mieux vaudrait d'avance renoncer à la plantation, et éviter ainsi sûrement les peines et les frais qu'elle doit occasionner ; car, si nul arbre ne paye aussi généralement les sueurs de l'agriculteur que le mûrier, nul autre ne les réclame aussi impérieusement.

Après avoir reconnu qu'un terrain est propre à la plantation du mûrier, il faut donc le mettre en état de la recevoir; à quelque époque qu'elle doive s'exécuter, rien n'est plus important que de préparer à l'avance le sol où elle doit avoir lieu. On doit s'occuper autant que possible avant l'hiver, ou du moins pendant cette saison, des travaux préparatoires, afin que les terres du fond, relevées sur les berges des fossés, s'imprègnent pendant quelque temps des miasmes aériens si favorables à la végétation. D'ailleurs il est bien reconnu que les alternatives de gel et de dégel, de soleil et de pluie, brisent les rocailles, divisent les terres fortes, et, par une action lente mais continuelle, procurent à la terre plus d'amendement que le travail de l'homme ne saurait en opérer.

Si la plantation doit avoir lieu dans une bonne terre, meuble, profonde, légère, sans humidité permanente, où les racines du mûrier puissent de tous côtés rencontrer un facile accès, il suffira de creuser pour chaque arbre une fosse d'une dimension proportionnée à sa force, à sa hauteur et au développement de ses racines. On aura soin de rejeter la moins bonne terre sur un côté de la fosse, et la meilleure de l'autre, afin de retrouver cette dernière sans mélange au moment de la plantation, et de l'employer à l'entour des racines pour leur donner de la vigueur et faciliter la reprise. Si le fond de la fosse présentait quelques parties dures ou rocailleuses, il faudrait les briser avec le pic, et les laisser sur place ; ce lit de gravier donnerait de l'écoulement aux eaux pluviales, et procurerait aux racines toute l'extension nécessaire.

Dans une terre de bonne qualité, mais forte et compacte, et qui retient un peu d'humidité, il faudra tracer des fossés parallèles à la distance des alignements et dans le sens de la pente, afin de fournir une issue aux eaux croupissantes; on creusera ces fossés sur une profondeur d'un mètre et de la largeur d'un mètre et demi à deux mètres. Les terres provenant de ce travail devront passer l'hiver sur les deux bords latéraux des fossés, et lorsqu'on les comblera, on aura soin de garnir le fond d'un lit de graviers ou de cailloux, de genêts, de brins de genièvre, de rameaux de pins, ou de toute autre espèce de branchages feuillés ; on en parsèmera aussi dans le milieu des terres, qu'on aura soin de bien mélanger afin de les amender les unes par les autres. Si l'humidité était permanente ou trop considérable, on ménagerait dans le fond du fossé un petit canal en pierres qui l'éconduirait entièrement.

Lorsque le terrain est rocailleux, composé de marne pierreuse, ou de roches friables recouvertes d'humus, il faudra le rompre dans toute son étendue, bien mélanger les diverses natures afin que le mûrier trouve partout une égale subsistance, enlever les pierres trop grosses ou trop dures, et laisser à la surface celles que l'on présumerait pouvoir être brisées par la gelée. Ces terrains, quoique assez propices pour le mûrier, n'en exigent pas moins des améliorations continuelles pour lui procurer une alimentation suffisante. Les plâtras ou décombres, les recoupes de gazons, les boues des rues, les dépôts des étangs, les mélanges de terre d'alluvion, ou, à leur défaut, les fumiers pailleux les moins fermentescibles, seront ici d'une utilité incontestable, et même d'une nécessité bien absolue.

Nous devons fixer ici la dimension proportionnelle des fosses en largeur et en profondeur, selon l'élévation des tiges des mûriers et leur destination future ; on devra toujours avoir égard aux espèces greffées à larges feuilles pour leur donner un travail plus profond, de la meilleure terre, ou une plus grande quantité d'engrais, comme étant plus délicates et plus avides de nourriture.

|  | Profondeur. | Largeur. |
|---|---|---|
| Mûriers haute tige, 2 mèt. de haut, | 1 m. » c. | 2 m. » c. |
| —            1 mèt. 50 cent. | | |
| à 1 m. 80 c., | » 80 | 1 70 |
| —    demi-tige, environ 1 mèt., | » 50 | 1 » |

# CHAPITRE X.

### CHOIX DES MURIERS A PLANTER.

Choix des espèces et de la hauteur proportionnelle des tiges selon le climat ou le terrain.

Rien n'est plus important que le choix des espèces à planter dans chaque terrain, selon ses qualités particulières et la profondeur du sol, en observant les modifications que doivent nécessairement y apporter les différences de climat et d'exposition.

Les mêmes observations doivent avoir lieu pour la hauteur des tiges, qui doit aussi varier suivant les circonstances.

Nous nous sommes hautement prononcés sur la supériorité

des mûriers blancs sauvageons, à belles feuilles, pour les plantations à exécuter dans les provinces centrales de la France ; nous ne devons pas non plus dissimuler notre préférence pour les mûriers en tiges de moyenne hauteur, partout où ils pourront réussir, préférence appuyée sur une expérience journalière, et la connaissance des grands avantages que l'on peut en retirer.

Si la plantation d'arbres-tiges est, en apparence, plus coûteuse que celle des nains, en réalité elle offre de larges compensations ; la durée du sujet est bien plus longue, son accroissement progressif ; l'abondance et la bonne qualité de sa feuille assurent au planteur, pendant une longue suite d'années, un produit toujours croissant. Un mûrier en plein vent, bien entretenu, est à 25 ans au moment de sa plus grande force de végétation ; il n'a pas encore atteint alors le quart de sa durée, et pendant près d'un siècle encore il doit verser chaque année entre les mains de son heureux possesseur l'équivalent des frais de son acquisition, de sa plantation et de son entretien, capitalisés ensemble.

Le mûrier en plein vent est donc le premier qu'un cultivateur soigneux doive introduire dans ses plantations, parce qu'il lui faut quelque temps pour se mettre en plein rapport ; on sera amplement dédommagé de l'attente. L'on doit border de ces mûriers les héritages, les routes et les avenues, partout où leurs racines pourront pénétrer profondément et recevoir une bonne culture ; on en forme aussi des quinconces.

Cependant, même dans les conditions les plus favorables, les besoins de toute éducation de vers forcent à planter une certaine quantité de sujets nains ou à basse tige, que l'on peut évaluer à environ le tiers des plantations, et dont le nombre sera souvent augmenté par les exigences du climat, ou les difficultés que l'on peut rencontrer sur le terrain. D'ailleurs ces mûriers, dont la feuille est indispensable aux premiers âges des vers, sont d'un assez bon rapport, peuvent trouver place dans un sol médiocre, et procurent une grande jouissance ; ils exigent aussi moins de précautions pour la taille et pour leur entretien.

On plante les demi-vent et les basses tiges en bordures, en lignes, et principalement en quinconces, en laissant toujours entre eux une distance suffisante pour donner les façons nécessaires.

Les semis ou pourettes de deux ou trois ans sont propres à former des haies intérieures ou extérieures que l'on doit toujours disposer sur un seul rang ; on peut aussi en élever sur place, des buissons, des basses tiges et des demi-vent.

On trouvera dans le tableau ci-joint quelles espèces doivent être préférées, et quelle hauteur on doit adopter selon la différence du sol ou de l'exposition.

Choix de mûriers pour les provinces du centre de la France.

| | | | |
|---|---|---|---|
| Exposition chaude. | Terre profonde, bonne qualité. | Haute tige. | Moretti. Rose et ses variétés. Espèces greffées à feuilles de moyenne dimension. |
| | | Demi-tige, nains. | Variété à larges feuilles. |
| | Terre médiocre, peu profonde. | Haute tige. | Blanc sauvageon. *Id.* |
| | | Demi-tige, nains. | Moretti. Rose et variétés. |
| | | Espaliers au midi. | Nains de Constantinople. |
| Exposition froide. | Terre profonde, bonne qualité. | Haute tige. | Blanc sauvageon. |
| | Terre médiocre, peu profonde. | Demi-tige, nains. | Moretti. |
| | | Fortes pourettes. | Blanc sauvageon. |

Choix des mûriers dans la pépinière. — Age, forme, maturité des tiges, qualités qui distinguent un bon mûrier.

Du bon choix des mûriers que l'on destine à la plantation, dépendent le plus souvent leur santé, leur croissance ultérieure, et surtout la garantie de leur reprise ; rien de plus facile que d'établir par soi-même ce choix, lorsqu'une pépinière se rencontre à notre portée. On doit toujours s'en occuper d'avance et pendant l'époque même de la végétation, afin de ne marquer que les sujets dont les feuillages sont les plus convenables, et parmi les sauvageons ceux dont la feuille est entière et large. On pourra ainsi planter les mûriers dès qu'ils seront arrachés, en conservant les racines dans toute leur fraîcheur ; on évitera aussi les inconvénients et les frais de transport. Dans le cas où l'on ne pourrait trouver de bons plants de mûriers à proximité, il faudra s'adresser, pour les obtenir, à un éducateur auquel on puisse accorder toute confiance.

Nous devons prémunir nos lecteurs contre une fraude assez en usage : des marchands ambulants colportent de ville en ville, de marché en marché, des mûriers arrachés depuis long-temps, lesquels, restés sans acheteurs, reparaissent successivement avec les détériorations cumulées qu'ont dû exercer sur leur écorce, leur séve et leurs tissus, des transports réitérés, l'exposition fréquente à l'air et au froid, et les arrosements que l'on prodigue à leurs racines sous le prétexte de les tenir fraîches. Malgré la grande facilité des mûriers pour la reprise, des plants ainsi traités, à quelque bas prix que l'on puisse les acquérir, sont pour les planteurs une cause constante de déception.

Le choix de l'acheteur doit se porter, en sujets plein-vent, sur des arbres de quatre à cinq ans; à tige forte, unie, droite, de 12 à 15 centimètres de tour; à écorce bien unie, saine, d'un gris roussâtre, sur laquelle se détache par parcelles une mince pellicule, signe de force et de jeunesse; à tête formée, surmontée de branches bien nourries, d'une hauteur moyenne et proportionnée à la hauteur qu'on lui destine. On devra également rejeter tout arbre qui présenterait une vigueur excessive; les sujets trop jeunes et trop faibles dont la tige encore succulente, par défaut de maturité, redouterait les atteintes des vents, du froid, et de la sécheresse; et le plant trop âgé, vieilli dans une pépinière, dont l'écorce jaune ou blanchâtre, parsemée de taches noires, couverte de lichens et de plaies sanieuses, et les rameaux rabougris, décèlent un vrai cadavre sans espoir de végétation future.

On évitera soigneusement les arbres dont la feuille aurait été cueillie en pépinière, ce que l'on peut aisément reconnaître par les nombreuses cicatrices de l'effeuillement, ou par la taille que cette opération nécessite.

Les racines doivent être d'un beau jaune peu foncé, nombreuses, saines, non meurtries, et conservées d'une bonne longueur.

Les conditions sont absolument les mêmes pour un bon choix de mûriers demi-tige; mais leur tronc étant moins élevé, la force du pied ne sera plus aussi essentielle.

Les nains et les pourettes, pour réunir les qualités exigées, doivent être sains dans toutes leurs parties, bien aoûtés, forts, relativement à leur âge et à leur destination, et principalement munis d'excellentes racines.

Arrachage, emballage, transport.

Aucune des précautions connues n'est à négliger pour arracher convenablement le mûrier dans la pépinière; on évitera autant que possible d'ébranler et de ployer les tiges, de meurtrir et de mutiler les racines. A mesure que les arbres seront arrachés, ils seront transportés à l'abri du soleil, de l'air, de la pluie et de la moindre gelée; de là, on devra les planter ou les expédier immédiatement. On aura soin de conserver les branches intactes, ou de leur laisser au moins 50 centimètres de longueur.

La plupart des mûriers que l'on expédie du Midi, pour des

destinations souvent très-éloignées, sont livrés sans prévoyance
à racines nues et sans aucun emballage ; le hâle du soleil ou
les froids qu'ils endurent en route leur nuisent considérablement. Il est très-important que le mûrier soit à l'abri des
intempéries ; nous ne saurions assez le répéter : le mûrier
arraché craint le froid, l'air, l'humidité et la chaleur ; il doit
en être préservé par un bon emballage, et ne doit jamais
voyager qu'au moment où la saison le permet. L'emploi de la
mousse sèche pressée tout autour des racines, et une bonne
enveloppe de paille sur les tiges et les branches, sont les
meilleurs moyens de les préserver en route de tout accident.

Quelques auteurs regardent comme essentielle une précaution il est vrai peu usitée, celle de marquer, avant d'arracher
les arbres, le côté correspondant au nord, afin de les replacer
dans le même sens au moment de la transplantation. Il suffit
de connaître même superficiellement l'organisation composée
des végétaux, pour n'accorder aucune importance à ce procédé
si minutieux. L'arbre planté à demeure, dont les extrémités
des tiges et des racines ont été préalablement supprimées, pour
se mettre en rapport avec sa position actuelle, est forcé de
régénérer de nouveaux organes, de prolonger ses racines et ses
rameaux dans de nouvelles directions; bientôt il est recouvert
et protégé par de nouvelles couches ligneuses et verticales, et
voit ainsi en peu de temps changer toutes les conditions de
son existence passée ; son ancienne orientation lui est devenue
alors parfaitement indifférente.

# CHAPITRE XI.

### PLANTATION DU MURIER.

#### Époque la plus favorable pour la plantation.

Des observations multipliées et consciencieuses, appuyées
sur une pratique éclairée par un grand nombre d'expériences,
nous indiquent le printemps comme l'époque la plus favorable
pour la plantation des mûriers. Nous avons vu souvent réussir
à merveille des arbres arrachés et replantés au moment où la
feuille commençait à paraître. Les Chinois, nos maîtres et nos
devanciers dans cette culture, fixent les derniers jours de mars
comme l'instant le plus propice, et nos agriculteurs les plus ex-
périmentés saisissent toujours le moment où la vie du mûrier
commence à se ranimer, pour procéder à sa plantation à demeure.

En effet, la végétation du mûrier est très-tardive; souvent même, aux premiers jours de mai, elle n'a donné presque aucun signe d'existence; dans les pays froids, elle ne s'arrête qu'aux premières gelées, à la chute des feuilles, et semble alors à l'extérieur complétement éteinte. Les racines, privées de leurs suçoirs, organes essentiels à la première ascension de la séve, recoupées et raccourcies, placées dans un milieu dépourvu de chaleur, n'ont pendant longtemps aucune action, lorsque l'arbre est planté pendant la saison froide; elles restent plusieurs mois dans la plus complète inertie, et courent de grands risques de chancir ou de se dessécher. C'est surtout dans les sols qui retiennent plus ou moins d'humidité que des accidents sont à craindre; ils produisent toujours les plus fâcheux résultats.

Au printemps, au contraire, lorsque les bourgeons commencent à enfler, déjà une séve abondante circule dans les vaisseaux; la terre, moite et réchauffée, sollicite l'expansion des racines; les blessures que celles-ci ont reçues à leur extrémité sont promptement guéries et refermées, et l'arbre, n'ayant plus à redouter les rigueurs des climats, se livre à tout son essor pour remplacer les pertes qu'il vient d'éprouver; il est facile de comprendre que plus les coupures des racines seront fraîches et récentes, plus tôt elles seront recouvertes.

Mais souvent les exigences de l'agriculture ou la presse des travaux forcent à exécuter les plantations de mûriers en automne; on devra alors s'en occuper de bonne heure, immédiatement après la chute des feuilles, avant que la terre ne soit encore refroidie, et seulement dans les terres en pente, chaudes, légères, où l'humidité n'est pas à redouter.

### Distances à établir entre les plants de mûriers.

C'est principalement la qualité du sol et la hauteur des sujets que l'on veut y planter qui doivent déterminer la distance à établir entre chaque pied; elle sera fixée à 8 mètres pour les mûriers à haute tige destinés à former des bordures ou des avenues dans les terres fertiles, profondes et substantielles, où ils acquerront une extension considérable. Dans les terres médiocres ou arides, on pourra les placer à 6 mètres; mais, lorsqu'on veut former des quinconces dont les branches et les racines s'entre-croisent de toutes parts, il sera fort utile de les espacer à 10 mètres en tous sens.

Les mûriers dont la tige a peu d'élévation n'exigent qu'une distance bien moindre et proportionnée à leur taille; cependant on doit toujours laisser entre eux l'espace suffisant pour opérer

de nombreux travaux; et plus on leur donnera de large, plus
leur vigueur, leur durée et leur produit récompenseront le
cultivateur.

On peut évaluer ainsi approximativement la distance qu'exigent les mûriers à basses tiges :

Demi-vent et basses tiges, dans les bons terrains, 3 m. » c.

Basses tiges et replants, dans les terrains mé-
diocres,                                                     2      »

Replants en haie, sur un seul rang,            »    50

Préparation du sujet. — Taille des branches et des racines.

La vie ou la mort du sujet, ou du moins sa prospérité future,
sont plus qu'on ne le croirait dépendantes des soins que l'on
donne à la taille des branches et des racines au moment de la
plantation. Lorsque la tête de l'arbre a été bien formée, et
qu'elle se compose de branches saines, fortes, égales, âgées au
moins de deux ou trois ans, on devra former un second embranchement à 40 ou 50 centimètres du premier ; on évitera
ainsi au mûrier la perte totale de ses membres, et de profondes
et douloureuses blessures. Mais, si les branches étaient trop
jeunes, trop faibles, ou attaquées de maladies, il faudrait les
rabattre à 2 ou 3 centimètres du tronc ; on ressuiera toutes les
racines avec beaucoup d'attention, pour rafraîchir les coupes,
et réparer les parties blessées ou écorchées; si les racines fi-
breuses et chevelues sont encore dans un bon état de fraîcheur,
on devra les conserver en grande partie ; dans le cas contraire
il faudra les retrancher.

Un léger enduit de composition résineuse, appliqué sur toutes
les coupures des branches et des racines, est un moyen trop
négligé, et qui contribue puissamment à la prompte guérison
de ces blessures.

Plantation.

Le fond de la fosse doit être préalablement garni de quelques branchages, de gazons retournés, de feuilles, de décombres et de plâtras, ou même de terreaux et de fumiers bien
consommés entremêlés avec la terre. On peut aussi employer
avantageusement de la râpure de cornes en petite quantité ;
c'est un engrais actif et durable.

Tous les préparatifs terminés, un ouvrier rejette au fond du
trou de la terre qu'il faut légèrement tasser, afin qu'elle ne
s'affaisse pas par la suite, ce qui serait un grave inconvénient.
On procure ainsi un appui solide au mûrier, à la hauteur où
doivent reposer ses racines. Il ne faut pas que le collet soit

enterré à plus de 10 centimètres au-dessous de la superficie du terrain ; dans un sol frais, il serait même préférable qu'il fût situé au niveau. On évitera aussi attentivement d'enterrer la greffe.

Lorsque l'arbre est placé dans la position qu'il doit occuper, et qu'il a reçu son alignement, il est maintenu par le planteur à la hauteur convenable : on étend horizontalement les racines dans tous les sens, suivant leur direction primitive, sans jamais les entre-croiser ; on les entoure de bonne terre végétale qu'on aura eu soin de se procurer à l'avance, si on n'en trouve pas en creusant la fosse ou bien à proximité ; on la fait pénétrer dans tous les interstices des racines, pour qu'il ne reste pas le moindre vide ; on rejette ensuite doucement la meilleure terre du fossé. Dès que les racines seront recouvertes de 15 à 20 centimètres de terre, on la foulera légèrement avec le pied à quelque distance de l'arbre, en prenant le plus grand soin de ne pas blesser les racines. C'est alors que l'on doit introduire les engrais, s'il y a lieu, sur les bords intérieurs de la fosse, en les mélangeant par couches avec la terre, sans jamais les accumuler, de manière à ce qu'ils ne soient pas en contact avec le pied du sujet, et qu'ils n'atteignent pas les radicules. A mesure que la fosse se comble, on continuera de serrer doucement la terre avec le pied, pour donner au sol un peu de consistance.

Si les arbres exigent d'être soutenus par des tuteurs, on pourrait les disposer dans les trous avant de planter les mûriers ; on éprouverait ainsi moins de difficulté pour l'alignement, et on éviterait de mutiler les racines en enfonçant ces pieds après coup. Cependant, malgré toute l'attention possible pour obvier aux frottements, les tuteurs causent à l'écorce de graves dommages, et sont généralement plus nuisibles qu'utiles. Il serait infiniment préférable de ne planter que des mûriers d'une grosseur convenable, qui sans appuis étrangers puissent résister par leur propre force à la furie des orages.

Dans les champs ouverts, où les bestiaux pourraient atteindre de leur dent meurtrière les jeunes rejetons du mûrier ainsi que sa tendre écorce, il faudra, pour les en préserver, garnir leur tige jusqu'à la couronne, de faisceaux de paille et d'épines placés de manière à garantir le sujet sans le blesser. Qu'on évite surtout d'envelopper ces jeunes plants d'une corde de paille forte et serrée qui cerne l'écorce, et s'oppose à la circulation de l'air et à la croissance du sujet ; c'est une méthode très-pernicieuse. Pour défendre les arbres des coups de soleil, des effets du givre et de la gelée, jusqu'à ce que l'écorce soit assez rustique pour les supporter sans abri, il faut couvrir la tige d'une couche de paille placée verticalement, d'une petite épaisseur, et retenue seulement par des liens de la même matière : on aura soin de ne pas trop serrer ces liens.

Pendant l'année qui suit la plantation, le mûrier exige de fréquents travaux ; il conviendrait même que le terrrain fût constamment tenu meuble et en parfait état de culture, afin de lui conserver la perméabilité nécessaire à l'introduction des gaz atmosphériques, des pluies, si favorables aux débuts d'une végétation naissante.

## CHAPITRE XII.

### CULTURE, TAILLE ET ENTRETIEN DES MURIERS NOUVELLEMENT PLANTÉS.

Les soins et les ménagements dont un cultivateur laborieux entoure ses jeunes mûriers dès le principe, sont la plus sûre garantie de leur reprise, de leur prompt accroissement, de leur abondant rapport et de la prolongation de leur existence.

Au moment de la transplantation à demeure, le mûrier éprouve un violent dérangement de tout son être par suite du retranchement forcé de ses extrémités. Dans un terrain propice et convenablement disposé, de nouvelles racines ne tardent pas à se créer une issue vers la partie inférieure des anciennes, et par leur extension contribuent à asseoir le nouveau sujet dans le sol, en lui donnant les moyens d'y puiser par leurs suçoirs les substances nécessaires à son alimentation ; en même temps, des bourgeons adventifs paraissent autour du couronnement de la tige, et dans leur prolongement aérien vont bientôt s'emparer des fluides ambiants, propres à la formation et au perfectionnement de leurs nouveaux organes.

Souvent les tendres rejetons naissants, trop fluets et trop nombreux, ne pourraient être tous entretenus par la tige encore convalescente ; il serait donc nécessaire d'en retrancher le supreflu, afin d'éviter l'étiolement. Mais, comme des coups de vent ou autres accidents imprévus viendraient assez souvent en détruire une partie, s'ils étaient trop espacés pour se soutenir mutuellement, l'existence de l'arbre se trouverait alors gravement compromise. Ainsi, quoique par la suite nous ne devions conserver que trois ou quatre rejets pour la formation de l'embranchement, le double et le triple de ce nombre en seront momentanément maintenus, pour attirer complétement aux sommités toute la séve contenue dans les réservoirs de la tige et des racines, et ménager un remplacement très-souvent indispensable.

Point d'autres soins pendant les deux premières années, après les cultures exigées, que celui d'entretenir le tronc bien nettoyé de tous les jets inutiles, et d'empêcher que l'ébranlement causé par la violence des vents n'enlève à l'arbre son aplomb, et ne laisse ainsi pénétrer dans la terre un jour funeste à la racine, exposée aux influences délétères de l'air, du soleil et de l'humidité. L'approche et le parcours de toute espèce d'animaux doivent être alors plus que jamais sévèrement interdits.

Nous ne saurions assez hautement improuver l'ensemencement des céréales autour des nouvelles plantations : faut-il que dans un moment critique où le mûrier a besoin de toutes ses forces pour reprendre et s'établir dans sa position nouvelle, des plantes voraces viennent lui disputer les sucs nécessaires à sa nourriture? D'ailleurs le soc de la charrue rompt et soulève ses racines horizontales, et la culture des céréales dessèche à un tel point le sol, qu'à peine le fonds le plus fertile pourrait suffire à un pareil épuisement. Ce n'est jamais qu'au détriment du mûrier que ces récoltes seront prélevées simultanément dans le local où il est planté.

On doit s'abstenir aussi de semer trop près des lignes de mûriers les trèfles, et principalement les luzernes, dont les racines, prenant une grande extension en profondeur, exploitent à leur profit toute la substance de la terre ; pour tirer parti d'un terrain occupé par des mûriers, l'agriculteur intelligent aura toujours la ressource d'y placer les cultures fumées et sarclées de plantes qui, peu profondes en racines, ne leur occasionneront aucun dommage, et qui par l'abri de leurs larges feuillages tiendront le sol à couvert des hâles dévorants de l'été.

### Embranchement.

Au printemps de la deuxième année, les jeunes rameaux seraient encore trop faibles et trop peu mûrs pour y asseoir une taille profitable ; laissons-les intacts, en retranchant toutefois les plus mal disposés parmi ceux qui sont superflus ; réservons-en seulement trois ou quatre des plus forts, à égale distance, et bien solidement insérés sur la couronne du jeune arbre. On devra aussi supprimer les extrémités des jeunes tiges atteintes par le froid, et nettoyer soigneusement les chicots et les onglets restés de la taille précédente.

Si toutefois les nouvelles pousses n'avaient pas encore acquis une maturité suffisante pour leur conservation et leur prolongement, il serait nécessaire de les, rabattre de nouveau jusqu'à leur insertion sur la couronne, pour attendre que les bourgeons plus solides et mieux nourris les remplacent avantageusement.

Quels termes seraient assez expressifs pour stigmatiser comme il conviendrait l'avidité insatiable et mal calculée des propriétaires de mûriers, lesquels, pour recueillir quelques misérables grammes de feuilles de peu de valeur, les dépouillent dès leurs premières années, et anticipent funestement sur leurs revenus, en anéantissant à coup sûr le capital! On ne saurait trop le redire : le mûrier, pendant sa jeunesse, a besoin de tout le luxe de sa végétation pour attirer les sucs de la terre et les employer au profit de son accroissement, pour former des couches ligneuses, saines, fermes et compactes, capables de résister à la décomposition. L'effeuillement prématuré de cet arbre est la cause de sa ruine.

Il est nécessaire de se pénétrer de ce principe , que le plus intime rapport existe entre les racines d'un arbre, ses branches, l'écorce et les jeunes feuillages; le tronc est le support naturel des membres supérieurs , et en même temps le canal par lequel la communication a lieu ; cette communication est si rapide , que le dépérissement subit d'un arbre en végétation suit instantanément le retranchement des racines.

Quoique l'effeuillement ou la taille des branches feuillées ne produisent pas si promptement des effets aussi funestes , leur action réitérée , surtout dans la jeunesse du sujet , finit à la longue par amener les mêmes résultats. Si les racines fournissent à l'écorce, au bois et au feuillage, l'eau du sol et les matières en dissolution avec elle , élevées par les tuyaux capillaires jusqu'aux extrémités des rameaux , les feuilles à leur tour servent comme de fourreau et de soupirail à cet admirable laboratoire; c'est dans leurs tissus légers que la séve reçoit ces préparations chimiques qui lui donnent de la consistance, et la rendent propre à fortifier le tronc par le surcroît annuel de nouvelles couches circulaires. La privation d'organes aussi essentiels, dans le moment où ils fonctionnent avec le plus d'avidité, suspend le travail de la nature, et cause à l'organisation du jeune plant des ravages incalculables.

Première taille. — Troisième année ( après celle de la plantation ).

Nous voici au moment d'appliquer au jeune mûrier parvenu à la troisième ou quatrième année de plantation sa première taille, lorsque ses branches ont acquis assez de force pour la supporter ; sinon , elle devra encore être différée d'une année. C'est aussi le moment de lui former une tête bien régulière.

Les principes généraux prescrivent avec raison d'allonger la taille sur des sujets ou des rejetons d'une grande vigueur, et de la rabaisser sur les plus faibles. La taille des mûriers ne doit pas se modeler sur celle des arbres fruitiers, qui a pour but la production des fruits ; elle doit même être dirigée dans un sens inverse, celui d'obtenir du bois vigoureux et multiplié, et des feuilles abondantes et soyeuses.

Comme tous nos soins ont tendu jusqu'à ce jour à entretenir un parfait équilibre entre les différentes parties de l'arbre, ses branches doivent avoir acquis approximativement les mêmes dimensions ; on aura toujours soin d'égaliser sur les trois ou quatre membres conservés la hauteur de la coupe, et, pour avoir égard au précepte, on devra tenir la taille des arbres faibles plus courte que celle des arbres forts. Les données sur cette opération s'acquièrent mieux par l'expérience et l'habitude d'un œil et d'une main exercés à ces travaux, que par les règles les plus précises. On peut cependant fixer la longueur à donner aux premières branches de 20 à 30 centimètres.

### Emondage des jeunes mûriers. — Quatrième et cinquième années.

Les deux années suivantes seront encore deux années de repos absolu pour les jeunes mûriers, pendant lesquelles ils devront recevoir les mêmes travaux et les mêmes soins que pendant la première. Néanmoins, pour utiliser une partie de leurs feuilles, on pourrait émonder avec prudence les rejetons superflus, et les retrancher, sans toucher au feuillage ni à l'extrémité des branches conservées. Cet émondage sera toujours pratiqué de bonne heure, afin que les tiges subsistances profitent immédiatement du vide opéré par le retranchement des autres.

### Sixième année. — Première cueillette.

C'est la troisième année après la taille, devenue la sixième ou la septième après la plantation, que nous avons fixée pour effectuer la première cueillette intégrale. Sorti de l'adolescence, et déjà doué d'un très-beau développement, le mûrier peut désormais sans dommage nous livrer sa riche dépouille, et nous indemniser largement des travaux, des soins que nous lui avons prodigués, et des délais que nous lui avons accordés.

Ce terme de six ans est de rigueur, et doit même être prolongé pour tout arbre souffrant, ou qui n'aurait pas acquis la force nécessaire. Sous les climats froids, l'observation de ces ménagements et notre sollicitude pour le mûrier doivent être encore plus minutieuses ; car plus sa jeunesse est souffrante et plus son accroissement est contrarié, plus tôt il sera soumis aux infirmités de la vieillesse. Tout doit donc nous engager à temporiser.

Septième année. — Fin de l'adolescence. — Deuxième taille.

Voici enfin notre élève amené à l'époque où la taille doit lui être appliquée pour la seconde fois. Il va maintenant rentrer dans le rang des arbres faits, puisque nous sommes parvenus, à force de soins, à lui assurer un développement et une constitution capables de lui faire supporter les inconvénients de la cueillette annuelle.

## CHAPITRE XIII.

### ÉTAT ACTUEL DE LA CULTURE DES MURIERS.

A aucune époque le mûrier n'a si vivement attiré l'attention publique comme de nos jours. De nombreuses associations s'organisent de toutes parts dans le but de favoriser sa culture et l'emploi de ses produits ; des hommes de conviction encouragent par leur exemple et leurs essais, et guident par leurs écrits et leurs conseils les planteurs dans cette voie nouvelle.

Malgré la discordance des méthodes enseignées, du choc et du conflit des opinions diverses émises sur ce point, ainsi que des tentatives plus ou moins fructueuses faites dans différentes localités, jaillissent des traits de lumière, précurseurs de la vérité et des moyens de perfectionnement. De vastes établissements se livrent à l'éducation et à la propagation des espèces les plus précieuses et les plus recommandables ; les sociétés d'agriculture et le gouvernement lui-même secondent cet élan général de toutes leurs forces ; de fréquents concours ouverts aux nouveaux planteurs prodiguent les récompenses aux plus habiles ou aux plus heureux ; enfin, des tailleurs émérites de mûriers sont envoyés dans les provinces pour démontrer par la pratique, mieux à la portée du vulgaire que les préceptes, les règles d'un art, il est vrai, bien difficile.

Après tous ces puissants efforts, avec la certitude bien acquise que la culture du mûrier est de toutes la plus avantageuse, et peut s'étendre fructueusement bien au delà des limites qui lui ont été si longtemps assignées ; témoins des immenses multiplications de mûriers qui ont lieu dans nos contrées, et de l'énorme consommation qui se fait des jeunes plants, nous devrions croire qu'en peu d'années la France sera couverte de ce précieux végétal dans toutes les positions où il doit prospérer.

Eh bien ! il n'en est rien ; et nous le disons avec l'accent de la plus profonde conviction, le mûrier se détruit plus que jamais ! le mûrier s'en va ! Le nombre des plantations ne fait qu'accroître le chiffre de cette destruction effrayante ; le mûrier ne vit plus qu'un petit nombre d'années. Ce triste résultat doit être principalement attribué aux funestes routines mises en œuvre pour la plantation, la culture et la taille, autant qu'à l'incurie et à l'avidité des cultivateurs, qui réduisent un arbre robuste et vivace dans un état permanent de faiblesse et de langueur, et l'accablent d'infirmités précoces, source d'une vieillesse prématurée.

En effet, après avoir parcouru les provinces du Midi, depuis longtemps en possession de cette culture, et celles du centre, où le mûrier commence à prendre faveur, on en revient avec cette douloureuse impression, que parmi les plantations anciennes la plupart sont à leur déclin, et que dans les nouvelles le mûrier est traité de manière à ne pouvoir fournir sa carrière ; et comme le sujet de remplacement doit rencontrer encore dans un sol épuisé des chances moins favorables à sa réussite et à sa durée, il est à craindre que le découragement occasionné par des pertes fréquentes et successives n'entraîne à sa suite, dans beaucoup de contrées, l'abandon définitif de cette riche culture.

Cependant les avantages qu'elle procure doivent encourager à surmonter les difficultés ; mais tout perfectionnement en agriculture exige impérieusement l'étude des connaissances nécessaires et spéciales, une volonté ferme, des soins assidus, et une persévérance à toute épreuve : le mûrier particulièrement ne prospère que sous des mains habiles, exercées et laborieuses ; abandonné à ses propres efforts, maltraité par des dépouillements continuels et des mutilations intempestives, c'est alors que l'on peut dire de lui avec juste raison : *Peperit magnæ infelicitatis augmenta.*

Des études particulières et suivies sur cet objet, corroborées par une pratique journalière et une foule d'expériences exécutées sous nos yeux, des observations recueillies sur les différents essais tentés en divers lieux, et notamment la complète réussite de nos propres plantations établies depuis quelques années avec le plus grand succès sur des terrains médiocres et infertiles, nous font espérer de pouvoir apporter un remède efficace contre une position si critique et si déplorable.

Sans nous dissimuler la gravité des questions que nous entreprenons de résoudre, c'est avec une pleine confiance, appuyée sur notre entière conviction, que nous publions le résultat de nos investigations, affranchies de tous les préjugés qui pourraient les entraver.

Après avoir dévoilé le mal dans son origine, et l'avoir sondé dans toute sa profondeur, nous enseignerons quelles digues restent à lui opposer. Si les limites que nous aurions prescrites et les soins que nous aurions recommandés paraissaient n'être pas toujours rigoureusement nécessaires dans les pays où le mûrier jouit d'une végétation active et luxuriante, il nous serait facile de prouver que, presque dans tous les cas, il y a plus d'avantages à les suivre scrupuleusement qu'à s'en écarter sur quelques points, et que le planteur soigneux qui ne négligera rien pour l'entretien et la conservation de ses mûriers sera celui qui en obtiendra le plus de profits.

Il appartient aux riches propriétaires de donner le premier exemple; c'est le meilleur placement qu'ils puissent opérer de leur intelligence et de leurs capitaux, à une époque surtout où ces derniers courent de si grands risques dans les entreprises industrielles. Ainsi ils prépareront dans des plantations bien conçues, bien exécutées et soigneusement entretenues, outre l'augmentation considérable de leurs revenus agricoles, le bien-être et l'amélioration morale des populations indigentes et laborieuses qui les entourent.

## CHAPITRE XIV.

### MÉTHODES DÉFECTUEUSES DE TAILLE.

La taille annuelle du mûrier n'est pratiquée généralement que depuis un petit nombre d'années; on se bornait auparavant à une taille de réparation, tous les trois ou quatre ans, lorsque l'état de l'arbre l'exigeait. Parmi les causes qui ont amené son emploi fréquent et périodique, il est à croire que la vigueur factice qu'elle procure momentanément aux mûriers, aidée par l'application simultanée des engrais, n'a pas été la moindre de toutes.

Dans les contrées méridionales, les plantations sont exécutées avec soin, et généralement composées de sujets forts, de moyenne hauteur, de l'espèce greffée dite mûrier rose. La prompte croissance du sujet le soustrait bientôt à l'état de jeunesse ; tout concourt à hâter ses progrès : des *fumures* abondantes, provenant en grande partie des débris de filature, des labours multipliés et exécutés à propos , et surtout les effets bienfaisants de la chaleur. Aussi le mûrier produit-il, après la taille, des rejetons quatre fois plus forts, plus longs, plus mûrs, et mieux nourris que dans les provinces du centre.

La taille d'été, après la cueillette des feuilles , pouvant avoir lieu à la fin de mai, ou vers les premiers jours de juin, s'opère dans le Midi avec bien moins de risques sur un bois mûr et sur la tige forte et robuste de l'année précédente ; et comme il reste encore au mûrier, avant l'hiver, cinq ou six mois de végétation active, favorisée par la générosité du climat, il a le temps d'acquérir une nouvelle force et de réparer ses pertes , avant d'être soumis de nouveau au même traitement.

Malgré tous ces avantages, les inconvénients qui résultent de la taille d'été , pour être plus lents à apparaître et plus difficiles à apprécier sur-le-champ, sont néanmoins incalculables par leurs suites et par leurs effets ; la diminution immédiate des produits, l'altération de la qualité des feuilles , le dépérissement du mûrier et sa ruine prochaine, en sont les conséquences inévitables.

Quoique les effets pernicieux de la taille soient atténués autant qu'il est possible, dans ces contrées, par les ressources particulières au climat, il est reconnu que depuis que le mûrier y a été assujetti d'une manière régulière, sa longévité en a été de beaucoup raccourcie ; on y a vu des maladies effrayantes et presque contagieuses s'emparer des plantations, qu'elles ont annuellement décimées dans une progression qui menace toujours de s'accroître.

Si les dommages d'une taille trop fréquente et intempestive ont été signalés jusque dans les pays chauds, comment évaluer son action si funeste dans des pays moins favorisés, où, après une cueillette tardive et une taille presque automnale, le mûrier ne pourra jamais atteindre la parfaite maturité de son jeune bois, exposé ainsi aux froids prématurés qui le surprennent en pleine végétation ?

L'imitation peu judicieuse de la taille employée dans le Midi a donc produit ailleurs les plus déplorables résultats.

Dans les pays froids, les éducations des vers se prolongent jusqu'en juillet ; le mûrier dépouillé de son feuillage, mutilé dans ses extrémités, couvert d'écorchures et de plaies, reçoit encore de nouvelles atteintes par l'application de la taille. Après d'aussi pénibles épreuves , les frêles rejetons qu'il produit, loin d'acquérir une force et une maturité suffisantes, sont le plus souvent attaqués jusqu'à leur base par les premiers froids de l'automne ; la vieille tige elle-même en reçoit le contre-coup. Aussi, après une série peu prolongée de traitements si funestes, voit-on souvent les plus beaux mûriers ravalés et rabattus jusqu'à la souche.

Nous devons maintenant décrire les différentes méthodes anciennes de taille usitées en divers lieux ; nous démontrerons sous quels rapports elles sont vicieuses, et nous les combattrons une à une et simultanément de tous nos efforts.

### Taille annuelle d'été sur le bois de l'année précédente.

Il n'est pas rare, dans le Midi, de voir opérer la taille sur des rameaux de l'année précédente, de 9 à 10 centimètres de circonférence, lesquels reproduisent à leur tour de nombreux rejets d'une force aussi considérable que les premiers. On ne peut dans ce cas reprocher à la taille que l'inopportunité de son exécution.

Dans nos pays froids, il n'en est pas ainsi; la taille ayant lieu sur un rejeton faible, mal aoûté, altéré par les gelées, doit s'arrêter fort court et à une époque de la saison déjà bien avancée. Cependant les chicots de jeune bois que l'on conserve n'ont pas encore eu le temps d'établir avec le tronc et les racines une solide correspondance, ni d'acquérir la force nécessaire pour attirer la séve ascendante dans leurs minces bourgeons mutilés par l'effeuillement. Cette séve reflue alors vers les parties plus mûres du vieux bois, et de nouveaux surgeons jaillissent au collet de la branche taillée, dont la partie supérieure devient un membre complétement inutile, et l'arbre est ainsi ravalé, à son grand détriment, de toute la pousse de l'année précédente.

Il est évident qu'on ne pourrait longtemps continuer un traitement pareil, après les dommages notables et la faiblesse progressive qui en résultent pour l'organisation générale du mûrier. Aussi quelquefois pendant une ou deux années la serpette est contrainte de cesser ses fonctions meurtrières, mais malheureusement pour les reprendre aussitôt que cette impossibilité n'existe plus.

Après d'aussi rudes épreuves, le mûrier, couvert de tronçons restés morts de la dernière taille, et de rejets faibles et chiffonnés trop nombreux à leur insertion, exigerait une année de repos et quelques élagages, avant d'être soumis à une mutilation nouvelle ; il n'en sera rien : le propriétaire imprévoyant tremble de voir diminuer temporairement son revenu; il se trouve, par suite des outrages réitérés qu'ont endurés ses mûriers, dans une pénurie toujours croissante de feuilles, et se voit forcé de dépouiller impitoyablement jusqu'aux plus infirmes et aux plus languissants de ses arbres.

Le mal serait bien amoindri, si la cueillette et la taille des arbres souffrants étaient devancées, et avaient lieu pour les premiers âges des vers à soie; alors on pourrait à la rigueur cueillir et tailler immédiatement les sujets les moins vigoureux; la perte des séves serait moins considérable, et le temps de se remettre beaucoup plus prolongé. L'inverse a toujours lieu, par des raisons trop longues à expliquer, et les mûriers qui auraient le plus besoin de secours sont ceux-là mêmes qui éprouvent les plus mauvais traitements.

La séve s'épuise graduellement, les nouvelles pousses deviennent de plus en plus débiles. Lorsqu'il ne reste plus de nouveau bois, le tailleur, dans l'impossibilité d'asseoir son opération sur des branches mortes, languissantes ou trop minces, se voit réduit à la rabaisser sur le bois des années antérieures.

*Taille d'été sur bois de deux, trois ou quatre ans.*

De l'application de la première méthode, à laquelle il fallut bientôt nécessairement renoncer, devait naturellement dériver l'emploi de la seconde, qui en était la conséquence rigoureuse et forcée. On tailla donc ensuite le mûrier sur vieux bois, d'environ 6 à 8 centimètres de tour, après un intervalle de trois ou quatre ans de repos : on avait pour but de donner de la vigueur aux arbres, d'augmenter la largeur des feuilles, de renouveler les branches attaquées de blessures et de diverses infirmités, et enfin de rétablir dans tous leurs membres la force, la santé, et un parfait équilibre.

Quelques cultivateurs soigneux, pour préserver leurs mûriers des meurtrissures nombreuses causées par le dépouillement des feuilles et l'enlèvement des tendres bourgeons, et ne pas leur faire subir consécutivement deux opérations également douloureuses, les réunissaient ensemble en taillant les rameaux tout feuillés, au moment de l'éducation des vers. Le mûrier, ainsi rabattu sur des branches mûres et saines, débarrassé de ses membres malades ou épuisés, paraissait un instant sortir de son état de souffrance; malgré son énorme déperdition par de larges blessures, la séve, dégagée de ses anciens canaux oblitérés, s'ouvrait une voie par de nombreux bourgeons adventifs, et après quelques jours d'hésitation l'arbre semblait renaître avec une nouvelle force dans ses rameaux rajeunis.

Toutefois ces deux derniers modes offraient encore des inconvénients plus graves que les précédents, par les perturbations qu'ils apportaient à l'économie végétale, et par l'interruption subite et générale du mouvement des fluides. Une amputation violente, dans un moment si défavorable, laissant l'arbre dépouillé de son feuillage, privé de ses bourgeons et dépourvu de ses jeunes écorces pendant la plus forte ascension des séves, devait naturellement causer les plus déplorables ravages.

Aussi c'est sur des sujets traités de cette manière, dans toute la vigueur de leur croissance, que se manifestaient le plus souvent ces accidents terribles, suivis de mort instantanée ; de là encore ces profondes sanies pénétrant jusqu'au fond du tissu ligneux, lesquelles, après avoir sourdement corrompu les parties intérieures, se déclaraient enfin à la superficie, et ne se montraient à découvert que lorsque le mal était irréparable.

C'est ainsi que l'on parvient, au bout d'un petit nombre d'années, à réduire l'arbre le plus florissant et le plus robuste dans un état de dégradation générale : sa tige et ses rameaux sont couverts d'infirmités qui menacent de s'étendre jusqu'aux racines ; ses membres supérieurs, languissants et rabougris, ne laissent presque plus aucun espoir de rétablissement, ni de végétation future.

Taille sur le tronc. — Couronnement. — Taille de saules.

Cependant quelques rejetons percent encore sur le tronc et sur les vieilles branches ; dans l'espoir d'y retrouver la vie dont le reste de l'arbre est dépourvu, le couronnement est décidé, ses rameaux tombent sous les coups meurtriers de la cognée ; la séve se répand par d'énormes blessures ; les fibres ligneuses, mises à jour à leurs extrémités, exposées aux influences atmosphériques, entrent bientôt en décomposition, et portent la désorganisation dans toutes les parties du mûrier ; les racines, privées de leurs parties correspondantes, ne peuvent plus remplir aucune fonction. Par l'effet de ces convulsions, l'écorce se détache par lambeaux sur le tronc dénudé et corrompu, et il ne reste plus enfin d'autre ressource qu'un arrachement immédiat.

Il est inouï combien d'anciens mûriers, naguère du plus grand rapport, ont succombé de nos jours par l'emploi désastreux de ces tailles successives ; le long des routes du Dauphiné nous avons vu des lignes entières d'arbres de la plus grande beauté disparaître en peu de temps, après les avoir consécutivement subies.

Nous ne nierons pas que, dans certaines occasions, le -couronnement du mûrier ne soit devenu indispensable ; nous ajouterons même que par un heureux hasard nous l'avons vu quelquefois produire d'utiles diversions ; mais nous soutiendrons toujours qu'il ne doit être employé qu'en désespoir de cause , aux dernières extrémités, et tant qu'il sera possible avant le mouvement des séves.

## CHAPITRE XV.

### ABOLITION DE LA TAILLE D'ÉTÉ.

Nous avons démontré par quel enchaînement naturel le mûrier se trouvait soumis, par l'influence de la taille d'été, à une condition de plus en plus critique et dangereuse ; il nous reste à mettre en évidence l'origine du mal et les causes qui le produisent, afin d'y pouvoir apporter un prompt et énergique remède.

Dans la question qui nous occupe, le seul remède est l'abolition complète de toute taille d'été , c'est-à-dire du raccourcissement vertical du bourgeon ligneux provenant des séves précédentes, au moment de la plus grande végétation.

Le mûrier en état de culture tire du sol une séve très-abondante, destinée au prolongement des bourgeons , à l'accroissement des enveloppes corticales, à l'entretien du nouveau bois et du jeune feuillage ; la taille vient inopinément interrompre le cours de ce fluide au moment de sa plus vigoureuse ascension , lorsqu'il circule avec le plus de rapidité entre les tissus ligneux et l'écorce , qu'il détache momentanément l'un de l'autre par l'effet de son humidité. Cette séve devait recevoir dans les feuilles, par son contact avec l'oxygène de l'air , les préparatifs nécessaires pour former la séve descendante , véritable mère nourricière des végétaux.

Mais le retranchement des parties vertes et feuillées, propres à l'élaboration des sucs attirés dans leurs réservoirs, ouvre un libre passage à la déperdition des séves ; cependant une partie du fluide alimentaire existe encore stagnante entre l'écorce et l'aubier, où elle reste à charge et sans emploi, incapable de remplir les fonctions qui lui étaient assignées, à défaut de préparation suffisante, et par la privation des organes aspiratoires nécessaires à sa circulation ; souvent cette matière amylacée et sucrée s'accumule en dépôts entre le bois et l'écorce ; elle entre en fermentation par l'effet de la chaleur ou de divers agents inconnus, et devient le principe et la cause de ravages effrayants , jusqu'au point de produire une mort soudaine.

Ces accidents ne sont pas toujours immédiatement connus et mis en évidence ; souvent la séve corrompue a le temps de porter le désordre dans toute l'économie du mûrier, jusque dans ses racines, et le mal devient ainsi universel et sans remède, avant de se produire au dehors de manière à attirer l'attention.

L'arbre lutte, il est vrai, de toutes ses forces contre le fléau dévastateur ; mais s'il peut quelquefois résister à des attaques aussi redoutables, il y succombe souvent, et il en éprouve toujours les plus rudes atteintes. Pour remettre en jeu son organisation interrompue, remplir ses canaux d'une nouvelle séve réparatrice, et se rétablir des perturbations apportées dans tous les ressorts cachés de son existence, il a besoin de repos et des soins les plus assidus.

Le dépouillement des bourgeons et des feuilles destinés à l'alimentation des vers à soie, lorsqu'il n'est pas suivi de la taille, produit bien momentanément une faible partie de ces symptômes ; mais, comme alors les jeunes tiges subsistent encore, munies de tendres écorces et de sous-yeux propres à remplacer les organes que la cueillette a ravis, après quelques jours d'interruption employés à fermer secrètement les blessures qu'il a reçues dans cette œuvre de destruction, le mûrier reprend une nouvelle vie, se pare d'un feuillage improvisé, et rassemble toutes ses facultés vitales pour parer par la suite les nouveaux coups qui lui seront portés.

Tout doit être mis en œuvre pour venir en aide aux dispositions si favorables de cet arbre précieux ; après les plantes qui fournissent aux premiers nécessités de l'homme, le mûrier, par sa récolte et sa culture, sources de la plus féconde industrie, n'est-il pas un des bienfaits les plus signalés de la Providence ?

Le mûrier mérite plus de soins qu'on ne lui en a consacré jusqu'à présent ; ces soins, il faut d'autant moins craindre de les lui prodiguer et de lui en faire les avances, qu'il paye ses dettes avec une générosité sans égale, et que la récompense est toujours proportionnée aux efforts de l'homme intelligent et laborieux.

## CHAPITRE XVI.

### NÉCESSITÉ DE LA TAILLE.

Dans son état naturel, lorsqu'il n'est pas soumis à la cueillette annuelle, le mûrier, dans un sol convenable, peut atteindre un âge très-avancé et un volume assez considérable. C'est ainsi que ces antiques et énormes débris que nous admirons encore disséminés sur plusieurs points, restes de plantations beaucoup plus étendues, ont pris leur accroissement à des époques où l'on utilisait peu ou bien rarement leurs produits, où la taille d'été n'interrompait pas leurs progrès ; ils pouvaient alors sans obstacle employer toute leur séve au profit de leur entier développement.

Dans les lieux où leur feuillage forme le plus riche revenu de la terre, il n'a pu longtemps en être ainsi. Le dépouillement annuel, les contrariétés imposées à la séve par l'enlèvement des feuilles et des tendres bourgeons, portèrent la dévastation jusque dans les tissus ligneux, et forcèrent à chercher un remède qui, pour beaucoup de pays, s'est trouvé pire que le mal.

Pour prouver évidemment la robusticité de l'arbre sétifère, choisissons pour point de comparaison un sujet des plus rustiques de nos forêts, un chène, par exemple ; appliquons-lui successivement les divers traitements auxquels est soumis le mûrier, nous apprendrons bientôt qu'il n'est pas propre à les endurer. Or le mûrier, grâce à sa constitution et à une organisation toute particulière, peut, à la vérité, supporter le dépouillement de ses feuilles, mais ce n'est jamais qu'au détriment de sa force et de sa durée. Dans nos pays froids, où sa constitution est plus faible, où les dommages sont plus profonds, il faut la plus grande attention pour le rétablir des nombreuses souffrances et de l'épuisement qu'il éprouve, et lui restituer sa vigueur primitive.

Nous avons cru pouvoir substituer avantageusement à la taille un repos intercalé après chaque année de cueillette. Pendant cette année de repos, le mûrier aurait crû en toute liberté ; on aurait seulement déchargé le sujet des branches altérées ou superflues ; on aurait retranché les sommités des rameaux atteintes par les écorchures ou par le froid. Mais, par ce procédé, le mûrier prend trop d'élévation aux dépens de la force et de la multiplicité de ses tiges, et donne ainsi plus de prise aux vents pour la rupture de ses branches, et son produit est moins considérable. D'ailleurs, c'est proposer un trop grand sacrifice que celui de la moitié d'une aussi belle récolte.

Cependant, quels rémèdes apporter au mûrier dans l'état habituel de souffrance où le réduisent le dépouillement périodique de ses feuilles et le déchirement du tissu cortical qui en est la suite, lorsqu'il est bien reconnu qu'un arbre dont la feuille serait recueillie tous les ans ne donnerait bientôt que des jets appauvris, incapables de suffire à son extension et à son prolongement ?

La taille est nécessaire au mûrier pour sa conservation, pour lui procurer une égale répartition de ses membres, une succession d'embranchements sains et vigoureux ; elle est nécessaire pour arrêter et prévenir l'épuisement et les maladies causées par le dépouillement des feuilles ; elle est nécessaire encore pour décharger le sujet de ses branches altérées ou atrophiées, et le douer d'organes nouveaux et sains , de pousses abondantes et fortes.

Sans la taille, nous ne pourrions espérer qu'un produit médiocre , une feuille surchargée de fruits toujours nuisibles à sa qualité et à la santé des vers. La cueillette aussi éprouve plus de difficultés sur un arbre dont on n'aura pas maintenu le parfait équilibre ; souvent même de graves accidents résultent de cette négligence.

Dans la position fâcheuse où se trouve réduit le mûrier par suite de l'effeuillement, une seule ressource nous reste : c'est une sage combinaison du repos avec une taille réparatrice ; c'est le renouvellement du mûrier dans les circonstances les plus favorables à son rétablissement.

Puisque la taille est le seul moyen propre à réparer tant de vicissitudes qui accablent le mûrier, il faut donc, sans la prodiguer , en faire l'application lorsqu'elle est possible , lorsqu'elle devient nécessaire. Nous venons d'apprendre par quelles causes et à quelles époques elle est nuisible, quels résultats funestes elle a produits jusqu'ici ; servons-nous de l'expérience pour abolir de dangereuses pratiques , et découvrir les moyens d'employer cette opération à faire tourner toute la force et la vigueur de l'arbre à son profit, en ménageant cependant ses produits avec toute l'économie qu'ils méritent.

## CHAPITRE XVII.

### MÉTHODE NOUVELLE DE TAILLE.

Taille avant la montée de la séve. — Assolement quadriennal de la taille.

Suivre attentivement la marche de la nature, étudier ses phases et ses besoins , l'aider par des manœuvres habiles exécutées avec prudence et avec la connaissance des moyens dont elle se sert pour mener à bonne fin ses œuvres admirables , c'est le but de la science agricole, c'est la perfection de l'art du cultivateur.

Ainsi les laborieux jardiniers de Montreuil ont soumis le pêcher à des règles de taille si précises et si convenables , que sous leurs mains intelligentes il a décuplé de prospérité et de rapport.

Or le mûrier est, comme le pêcher, un arbre étranger à nos climats, et de plus livré périodiquement à des mutilations intempestives qui affaiblissent considérablement sa végétation et sa durée. Dans cette situation forcée, recherchons les moyens de réparer, par une taille appropriée à sa constitution, les dommages des tailles précédentes et les prélèvements annuels de feuilles qu'il devra absolument subir. Pénétrons-nous d'abord de la nécessité de douer le mûrier d'un prolongement successif de branches mûres, saines, droites, fortes, vigoureuses, de canaux séveux non oblitérés, toujours disposés à porter dans les nouvelles tiges les substances propres à produire un feuillage abondant et de la meilleure qualité.

Nous venons de reconnaître que la taille était indispensable au mûrier, mais que son exécution sur des branches faibles ou malades, et surtout à une époque où elle occasionnait une trop grande déperdition de séve, la rendait funeste à cet arbre; le retour annuel de cette opération sur des rejetons de plus en plus débiles nous a bientôt amenés à la ruine totale du sujet.

Evitons donc ces écueils en n'appliquant au mûrier la taille que lorsque son état l'exige pour lui donner une nouvelle vie; puisqu'il nous faut trois ou quatre ans pour que ses jeunes rameaux aient atteint le diamètre et la maturité de ceux qui croissent sous des climats plus chauds, donnons-leur le loisir de parvenir à cette force pour supporter la taille à leur moindre détriment. Constatons en même temps que la taille du printemps, avant le mouvement des séves, ou celle d'automne, après la chute des feuilles, sont les seules capables de produire des effets avantageux.

A prendre nos mûriers dans l'état anormal de souffrance où les ont réduits les divers traitements qu'ils ont éprouvés jusqu'à ce jour, il devient nécessaire de les amener, par quelques soins préliminaires, au point le plus propice pour l'application des nouveaux procédés.

Si la taille ordinaire a été pratiquée la saison précédente, les sommités de l'arbre ne présentent plus que des tiges grêles et sans force, repercées la plupart au collet de la dernière séve, rabattues par les gels, peu assises encore, et, trop nombreuses pour recevoir des racines et des fortes branches toute la vigueur qu'elles en doivent attendre, elles se disputent les unes aux autres la nourriture qu'elles sont forcées de partager.

Pour préparer un tel mûrier à la nouvelle taille, il faudra, au moment du premier âge des vers, enlever proprement à la serpette les tiges superflues avec leurs feuilles, lesquelles pourront être ainsi utilisées. On aura soin de n'émonder que les branches faibles, défectueuses ou mal placées, et de conserver dans toute leur longueur, sans toucher à leur feuillage, à distance aussi égale que possible, les rameaux les plus forts et les mieux nourris, les plus propres à cultiver la séve et à continuer au sujet un système permanent de vigueur et de santé.

Après cet émondage préparatoire, on pourra, pendant deux années consécutives, recueillir à la main les feuilles des arbres ainsi nettoyés, sans nuire ni au mûrier, ni à la taille qui doit être appliquée la saison suivante.

Si, au contraire, la taille n'avait pas eu lieu depuis quelques années, le besoin de renouvellement des tiges chiffonnées et rabougries décélerait le moment le plus propice pour son exécution, laquelle doit toujours être assise sur les branches les plus saines des années précédentes.

Résumons maintenant en courts aphorismes les principes de la nouvelle taille soumis aux exigences particulières de nos climats :

La taille du mûrier doit s'exécuter tous les quatre ans ;

Hors de l'époque des grands froids et des pluies ;

Avant que l'arbre soit feuillé ;

De préférence avant l'ascension de la première séve ;

Elle sera généralement terminée avant le 15 avril ;

Sur des branches saines et vigoureuses de 25 à 30 millimèt. de diamètre.

L'opération sera faite avec un instrument bien tranchant.

L'usage du sécateur sera sévèrement proscrit.

Si l'emploi de la scie est nécessaire, on se servira de scies anglaises à main, dont les dents soient peu écartées et peu ouvertes.

Les esquilles que cet instrument aurait laissées et toute la coupe seront soigneusement réparées à la serpette.

La coupe doit avoir lieu circulairement à 5 ou 6 millimèt. au-dessus d'un nœud ou ancien œil.

La forme de l'arbre sera dirigée en calice peu ouvert, en équilibrant la séve dans tous les sens.

Les branches faibles superflues, mal aoûtées, mal placées ou avariées, seront entièrement supprimées.

Nettoyer les champignons, mousses et lichens ; ouvrir jusqu'au vif, sur l'écorce et sur le bois, les sanies, ulcères et blessures.

Panser avec des onguents préparés les fortes blessures et excoriations.

Des labours et des amendements aideront simultanément ces travaux.

### Ebourgeonnement après la taille.

Au moment de la pousse, un ébourgeonnement des rejetons naissants, ordinairement trop nombreux et trop serrés après la taille, sert à accroître la vigueur des autres. On observera toutefois d'en conserver bien plus qu'on n'en détruit, afin d'attirer fortement la séve et de pourvoir au remplacement de ceux qui pourraient être endommagés. Cet ébourgeonnement aura lieu pour les premiers âges des vers, qui profiteront ainsi que le feuillage ; à une époque plus avancée, il épuiserait le mûrier, et les feuilles trop succulentes seraient nuisibles à la santé des vers.

Sans rechercher uniquement la symétrie et la beauté des formes, il sera cependant nécessaire d'égaliser à peu près les branches en dehors et au sommet, et, pour ne pas y porter tout l'effort de la végétation, de conserver entre les branches fortes, plus allongées, quelques branches moyennes, plus courtes, propres à servir d'échelons à la séve et à rapporter leur part de feuillage.

L'intérieur de l'arbre sera légèrement évidé pour faciliter la cueillette.

Loin de fixer d'une manière absolue la période de temps la plus propre au retour du renouvellement du mûrier tel qu'il vient d'être indiqué, nous laisserons au propriétaire lui-même le soin de déterminer, suivant l'état de ses arbres, la force et la vigueur des tiges, et souvent même, selon ses besoins actuels, l'époque à laquelle sera renvoyée la taille, sans cependant la différer trop au delà des termes prescrits. Le cultivateur intelligent divisera ses mûriers en quatre ou cinq séries, dont chacune à son tour recevra la taille au printemps. Il pourra avancer ou reculer d'un an l'opération, selon l'épuisement ou la vigueur des sujets, selon le climat ou le terrain qu'occupent ses exploitations.

Si cependant, au moment d'opérer la taille, on rencontrait un mûrier dans un état de santé parfaite, et jouissant d'une belle végétation, il serait possible, en lui épargnant le dépouillement de ses feuilles pour cette saison, de retarder encore à son profit la taille de quatre ou cinq ans.

Parmi les innombrables avantages de cette nouvelle méthode, l'amélioration bien sensible de la qualité des feuilles et l'augmentation certaine du produit sont, certes, bien appréciables ; des épreuves bien constatées nous ont donné l'intime et sûre conviction que, sous ces rapports comme sous tous les autres, le bénéfice est considérable. La taille du mûrier sera aussi moins coûteuse au printemps ; un ouvrier habile , moins affairé à cette époque, exécutera plus convenablement cette opération , toujours trop négligée pendant l'été , par suite de l'activité des travaux et de la rareté des bras.

A la seule objection que l'on pourrait faire que le mûrier ne sera d'aucun rapport pendant l'année de la taille , que l'année de la taille sera une saison perdue , nous répondrons victorieusement, appuyés sur des expériences irrécusables, sans même insister sur la question de nécessité, que cette opération n'étant ordinairement mise en pratique que tous les quatre ans , le produit des trois années de cueillette dans cet intervalle surpassera considérablement celui des quatre années pendant lesquelles l'arbre aurait été soumis aux procédés de l'ancienne taille ; que ses feuilles, plus abondantes et mieux nourries, acquerront aussi une qualité et une dimension supérieures, et que, par cette méthode, mis à l'abri des infirmités qui l'atteignaient jadis précocement, le mûrier a le droit d'attendre un avenir prospère et le développement complet de sa force.

## CHAPITRE XVIII.

CUEILLETTE DU MURIER , ET TRAITEMENT PENDANT LES TROIS
ANNÉES D'INTERVALLE ENTRE LES DEUX TAILLES.

Après la taille nouvelle, qui doit être terminée au plus tard vers le milieu d'avril , il reste toute la belle saison et deux périodes de séve au lieu d'une, pour que le mûrier rajeuni puisse accomplir sans obstacle le cercle entier de sa végétation, et produire en grand nombre des rameaux mûrs et robustes , par conséquent bien moins sensibles aux froids que ceux des arbres traités d'après les anciens procédés. Certainement, dès l'année suivante, notre sujet sera disposé à fournir une grande quantité de feuilles. Mais comme il importe dès lors de mettre à l'abri des écorchures causées par l'effeuillement les tiges nouvelles qui devront supporter la taille subséquente, et de ne lui laisser que les branches qu'il pourra sustenter, il faudra chercher à obtenir ces résultats par quelques ménagements propres à nous y conduire.

Notre but principal est de maintenir le mûrier dans toute sa force naturelle, exempt de maladies et d'infirmités, de le douer de membres multipliés, sains et vigoureux, et d'assurer par nos soins la prolongation de son existence ; mais en même temps nous ne devons pas perdre de vue que son unique produit existe dans sa feuille, et que c'est de la bonne qualité et du bon emploi de cette riche dépouille que dépendent sa valeur et le succès de nos éducations.

Or la nature, favorable aux besoins du précieux insecte que le mûrier doit alimenter, semble se prêter merveilleusement à nos combinaisons nouvelles, et, par les qualités différentes des produits pendant les trois années que nous avons à parcourir avant le renouvellement de la taille, ainsi que par les diverses exigences de l'arbre même, nous indiquer les différents usages auxquels ses feuilles doivent être appliquées, et l'époque la plus propice à la cueillette respective.

Ainsi, pendant les trois années qui suivent la taille de printemps, le mûrier sera rangé en trois catégories soumises chacune à un traitement particulier.

### Première année après la taille.

La première année après celle de la taille, les nouvelles tiges du mûrier, trop succulentes encore, ne rapporteront que des feuilles tendres, épaisses, larges, d'un vert foncé, pleines de sucs, mais peu soyeuses, et par conséquent peu propres à la nourriture des vers à soie au moment des dernières mues ; de leur côté, les arbres sollicitent encore quelques précautions pour atteindre leur prospérité complète, et résister aux inconvénients futurs et successifs de l'effeuillement et de la taille. Nous choisirons donc les sujets taillés de la précédente saison pour les recueillir les premiers, avant que la feuille ait acquis sa maturité, afin qu'ils puissent encore profiter d'un plus long espace de temps pour se rétablir et acquérir toute la vigueur dont ils sont susceptibles.

Pour y contribuer encore puissamment, on aura soin, avant de ramasser la feuille, de retrancher les branches superflues, et de ne conserver que celles qui sont nécessaires au rapport et au développement de l'arbre. Relativement à ces dernières, il serait bien à propos d'émonder à la serpette, au lieu de cueillir à la main, jusqu'à la hauteur où sera placée la taille qui doit suivre les feuilles et les bourgeons inférieurs, pour éviter toute excoriation dans cette partie, et obtenir ainsi une membrure saine, garantie de toute détérioration possible. Avec une pareille précaution, on pourra sans crainte dépouiller à la main les sommités des rameaux.

### Cueillette au couteau pour la première année après celle de la taille.

Il serait encore mieux d'adopter généralement, ou du moins pour la première année après celle de la taille, un mode per-

fectionné de cueillette que nous avons vu pratiquer très-fruc-
tueusement par un propriétaire soigneux de notre voisinage
(M. de la Vallette, de St-Félicien, Ardèche), pour ménager
ses mûriers plantés dans une position froide et sur un terrain
au-dessous du médiocre; il consiste à enlever adroitement au
couteau les feuilles et les tendres bourgeons, de manière à
n'occasionner aucune plaie sur les tiges qui leur servent de
support.

Au premier abord, ce moyen doit paraître impraticable, ou
du moins infiniment minutieux, et devant susciter d'énormes
frais pour une exploitation un peu considérable; nous avons
éprouvé qu'avec de l'habitude on parvient à l'employer avec
grand succès, sans perte sensible de temps. Les mûriers que
l'on traite ainsi se recouvrent de nouvelles feuilles dix jours au
moins avant ceux qui ont été livrés à l'effeuillement ordinaire.

Effeuillement à la main. — Cueillette ordinaire.

Il devient inutile de mentionner en détail les moyens bien
connus usités généralement pour la cueillette ordinaire; ici,
comme toujours, la grande habileté découle d'un long usage.
Nous ne saurions cependant trop vivement recommander d'é-
pargner au mûrier tous les dommages que lui causent le défaut
de précautions et l'incurie des ouvriers employés à le dépouiller, l'appui d'une échelle pesante et meurtrière, les
fractures et les torsions des rameaux, et enfin tout ce qui peut
le froisser et lui nuire.

On se sert, pour atteindre les branches élevées, d'une échelle
double qui se supporte d'elle-même, afin d'éviter tout contact
et tout frottement; sur un arbre assez fort pour les supporter,
les ramasseurs méridionaux gravissent jusqu'à la plus haute
cime, sans causer le moindre dégât, en se servant pour échelle
des ramifications de l'arbre. On doit surtout se garder d'y
monter avec des sabots ou des souliers ferrés, qui imprime-
raient sur l'écorce de profondes meurtrissures. Il faut le faire
à pieds nus, ou du moins avec des chaussons de lisière.

Les feuilles nouvelles cèdent assez facilement à la main ha-
bituée à les recueillir; mais dans leur maturité, ou plutôt dans
leur plus grande végétation, elles présenteront un peu de résistance et de ténacité; il faudra alors en détacher les bouquets
par un léger mouvement oscillatoire, en les brisant et en les
tordant sur leurs supports. Sur les arbres élevés, l'ouvrier, en
commençant l'effeuillement par la cime de l'arbre, sera garanti
contre l'étourdissement et la crainte d'une chute par le rideau
des branchages feuillés inférieurs qui resteront au-dessous de

lui, et lui déroberont la vue de la terre jusqu'à la fin de son opération.

Quels que soient le volume et l'élévation d'un mûrier, dès que le dépouillement des feuilles est entrepris sur un point, il doit continuer sans relâche et sans interruption jusqu'à son entier achèvement, sous peine de voir la séve, altérée momentanément sur les branches réservées, causer une congestion pléthorique toujours fatale aux branches feuillées, non moins que pernicieuse aux parties qui sont dénudées. Par les mêmes motifs, le dépouillement doit être complet; des feuilles ou des rejetons feuillés conservés même momentanément sur diverses parties de la surface de l'arbre ne peuvent qu'abuser en pure perte, aux dépens des nouvelles pousses, des sucs qu'ils leur disputeraient.

### Deuxième année après la taille.

La seconde année après le renouvellement, les tiges mûries et bien fortifiées, munies de substances parfaitement élaborées, fourniront une récolte abondante et précieuse, des parenchymes plus soyeux et moins chargés de parties aqueuses, et enfin la nourriture la plus appropriée à l'appétit croissant du bombyx, vers la seconde période de son âge; alors, la partie inférieure étant mise à l'abri de toute détérioration par l'ébourgeonnement et l'émondage de l'année précédente, les feuilles pourront être recueillies comme à pleines mains, presque sans aucun risque, au moment même où elles viennent d'acquérir leur entière perfection.

### Troisième année après la taille.

Le dernier âge du ver à soie est pour lui comme l'approche d'une sérieuse maladie; à cette époque, où il touche au terme de son existence, son alimentation doit être fournie en matières sèches, gommeuses, destinées à former des sécrétions dont le brillant tombeau qu'il va se construire lui-même sera artistement composé.

Nos mûriers de la troisième catégorie sont propres à lui offrir la nourriture la plus convenable pour sa position, d'autant plus que leurs extrémités raccourcies, diffuses, étalées, présenteront un feuillage de moindre dimension et parvenu à une grande maturité. Nous ne courons plus aussi aucun danger à retarder la cueillette de ces arbres, puisque l'épuisement momentané qui doit en résulter sera réparé l'année suivante par un renouvellement devenu nécessaire.

Ces attentions, si indispensables pour conserver aux mûriers élevés à haute tige toute leur force et leur santé, peuvent être regardées comme d'une application moins rigoureuse pour les plantations d'arbres nains, soit en haies, soit en buissons ou en taillis. Les mûriers à basse tige, dont ordinairement la feuille est recueillie de bonne heure, pourront être taillés immédiatement après, selon que le permettra leur vigueur et le bon état de leur végétation. Le cultivateur soigneux et prudent saura modifier les principes pour les réduire aux exigences de ses besoins, du climat et de la fertilité des terres. On peut cependant ajouter que plus le traitement se rapprochera des bonnes règles, plus les arbres se maintiendront en durée et en vigueur, et plus leurs produits seront riches et abondants.

Dans tous les cas, nous devons proscrire de tous nos efforts la funeste routine de tailler les arbres nains chaque année rez le tronc, sans jamais donner le moindre développement à leurs membres supérieurs; comme les racines ne s'étendent qu'en proportion des rameaux, il est évident que ces têtards mutilés et rachitiques ne pourront jamais devenir d'un bon rapport, ni fournir une longue carrière.

## CHAPITRE XIX.

CAUSES PRINCIPALES DE LA DESTRUCTION DES MURIERS.

Que les modes vicieux de taille adoptés presque généralement soient actuellement une des causes principales de la ruine de nos plantations, que la répétition annuelle dans un bref délai mène le mûrier à sa perte inévitable, ce sont des faits acquis dont malheureusement il n'est plus permis de douter. Pour obvier aux maux qui en résultent, on croit ne rien faire de mieux que de prodiguer les engrais aux arbres languissants; mais ce remède, loin d'être curatif, n'est autre chose qu'un palliatif dangereux.

Nous sommes intimement persuadé que l'abus exorbitant des fumiers est le principe et le prélude de la prompte caducité des arbres soumis à la culture; des observations constantes et journalières ont formé notre conviction sur ce point.

Le fumier hâte la végétation en forçant les facultés organiques; il anticipe sur le cours régulier de la nature, et bientôt l'arbre, entravé dans ses fonctions habituelles, éprouve un malaise général, avant-coureur d'une mort violente et prématurée. C'est aussi pourquoi les mûriers acquièrent dans les nouvelles plantations moins d'élévation et de force que dans les anciennes.

Les arbres de nos forêts ne dégénèrent pas. Si les arbres séculaires sont plus rares de nos jours et d'un moindre volume qu'autrefois, c'est que leur bois est plus recherché pour les constructions et pour les arts ; c'est aussi que la culture plus étendue des céréales et des plantes nécessaires aux besoins de l'homme les a relégués dans les parties les plus montagneuses et les plus âpres ; et c'est encore dans ces positions difficiles que les arbres de haute futaie, en concurrence avec les ronces et les bruyères, dont le réseau et l'entrelacement étouffent leurs racines, c'est encore, disons-nous, dans ces positions qu'ils acquièrent leur plus grand développement.

Qu'un jeune arbre soit introduit dans un terrain neuf et profond, sans aucune addition d'engrais, sa première venue sera, il est vrai, plus lente ; mais peu à peu il se revêtira d'une succession de couches ligneuses fermes et solides, et, sorti de la débilité de sa jeunesse, il parviendra nécessairement à une grande élévation et à un âge très-reculé. Un résultat tout opposé aura lieu pour l'arbre planté dans un terrain saturé de fumier. Là, si sa première croissance est d'abord plus prompte, si son développement est plus rapide et son produit plus précoce, c'est toujours au détriment de sa force et de la durée de son existence.

On peut, sans crainte, attribuer le prompt épuisement et le dépérissement des arbres à l'excitation momentanée exercée sur eux par le fumier. Ses parties gazeuses, introduites dans les veines des végétaux ligneux, fermentent dans leurs tissus, et procurent les maladies qui hâtent leur désorganisation ; elles causent une exaltation fébrile, suivie d'une prostration mortelle.

Toutes les cultures de mûriers considérablement fumées en sont la preuve : les maladies y règnent en proportion de la quantité et de la force des engrais qu'on emploie ; et ce qu'il y a de plus décourageant, ce qui prouve aussi quels sont les effets de la fermentation, c'est que ces maladies deviennent souvent contagieuses, et se communiquent par les racines et par les parties aériennes aux arbres voisins des sujets infectés.

Un mûrier planté dans un terrain fertile, où il pourra se passer de l'excès des fumiers, obtiendra toujours une constitution plus robuste, des vaisseaux fermes et sains ; il pourra ainsi presque sans danger braver les intempéries des saisons ; les ouragans auront moins de prise sur lui. Mais comme les engrais deviennent nécessaires pour améliorer les fonds médiocres, où sans eux nulle plantation ne pourrait avoir de succès ; comme aussi, dans beaucoup de cas, le produit de la feuille serait sensiblement diminué, que l'agriculteur évite surtout les abus, et choisisse pour cultures de mûriers les engrais les moins sujets à une fermentation dangereuse ; il pourra aussi les remplacer par des terreaux froids, des gazons et recoupes de prairies, des curages de fossés ou de bonne terre d'alluvion.

A voir dans leur mauvais entretien la plupart des plantations de mûriers, on croirait vraiment remonter à l'instant même de leur introduction. En effet les premiers arbres, plantés aux frais de l'État, rencontrèrent mille obstacles dans les préjugés, l'ignorance et l'obstination des cultivateurs de ce temps, ennemis des innovations. A une époque où les disettes étaient fréquentes, on avait peine à comprendre quel profit donneraient ces arbres par leurs feuilles, et, n'apercevant que la privation d'une lisière de terrain enlevée à la culture, on ne pouvait prévoir les avantages immenses qu'on en retirerait par la suite. Aussi presque tous ces plants disparurent en peu d'années.

De nos jours, que les bénéfices de cette industrie ne sont plus un problème ni un mystère, après avoir planté, presque sans défoncer le terrain, un sujet faible et rachitique, dépourvu de bonnes racines et de facultés vitales, on le délaisse souvent encore sans soins et sans prévoyance. Au lieu d'une culture fréquente et spéciale, s'il reçoit quelques rares façons, c'est au moyen de la charrue dont le soc vient rompre et soulever ses nombreuses racines traçantes; enfin, l'ensemencement continuel des céréales autour de son pied et les dépouillements abusifs et prématurés le réduisent bientôt aux dernières extrémités. Ainsi l'on peut expliquer le petit nombre de réussites par le petit nombre de bons traitements.

C'est surtout l'abandon des plantations de la part des propriétaires à l'incurie des fermiers que nous avons à déplorer. Un terrain destiné aux mûriers doit recevoir une culture toute particulière ; il doit absolument être distrait de la ferme. Les plantations de mûriers exigent impérieusement l'œil du maître et la surveillance du propriétaire.

Les plantations de mûriers sont généralement exécutées trop épais : leurs racines se nuisent mutuellement ; leurs branches, trop fourrées, ne reçoivent pas une aération suffisante ; le tronc se couvre de mousses parasites et de lichens ; les écorces s'altèrent ; enfin, l'arbre dépérit.

Au milieu de la lutte incessante que soutient cet arbre si précieux contre la routine aveugle et l'avidité de l'homme et contre les éléments destructeurs, il a besoin d'une protection efficace, d'une sollicitude continuelle ; nos propres intérêts doivent militer en faveur de sa conservation. Nous devons surtout nous attacher à le prémunir contre toutes les attaques dont il peut être l'objet, et ne jamais perdre de vue qu'il est plus facile de prévenir les maladies que de les guérir lorsqu'elles sont déclarées.

## CHAPITRE XX.

### MALADIES DES MURIERS.

Traitement curatif.

Lorsque l'application des soins particuliers que nous recommandons pour la plantation, la taille et l'entretien des mûriers, les aura préservés des infirmités nombreuses dont une pratique routinière les accable, l'emploi des moyens curatifs deviendra moins souvent nécessaire. Dans la situation actuelle, quels ravages affreux nous restent à réparer! Que de frais pour rétablir en bon état la majeure partie de nos exploitations tant anciennes que nouvelles, surtout lorsqu'une main cupide et imprévoyante aura gaspillé les ressources du présent sans songer à l'avenir! Cependant, que l'agriculteur ne s'effraye pas, qu'il mette promptement la main à l'œuvre, aucun de ses travaux ne restera sans récompense.

Si nous sommes assez heureux pour posséder encore quelques-uns de ces antiques et vénérables mûriers plusieurs fois séculaires, peut-être dus à la générosité du grand roi et de son digne ministre Colbert, ces restes précieux devenus si rares, lesquels ont traversé bien des générations, bien des tempêtes, bien des vicissitudes politiques, combien devient-il intéressant de conserver leurs historiques débris à l'admiration de nos neveux! Ils se recommandent d'ailleurs à nous sous plusieurs titres ; car ils jouissent du double avantage de la grande utilité et de la consécration des temps.

Les plus vieux mûriers, ceux-là même qui sont parvenus à leur décrépitude, fournissent encore une feuille excellente : c'est une nourriture fort saine et bien appropriée à l'appétit décroissant du ver fileur, lorsqu'il approche de ses derniers instants. Aussi l'éducateur, intéressé à obtenir une bonne récolte de cocons, toujours en rapport avec la perfection des feuilles, réserve ordinairement la cueillette des vieux arbres pour l'époque finale de ses éducations. Alors la saison trop avancée ne leur permet plus de réparer leurs pertes ; de là résultent certainement leur décadence et leur prochaine destruction.

Il n'y a qu'un moyen de prolonger leur existence : c'est de ne les recueillir que tous les deux ans, de porter rarement le fer sur leurs rameaux peu nombreux, et d'arrêter au plus tôt dans leurs progrès les infirmités qui les rongent.

Les maladies des mûriers sont aussi variées que les causes qui les produisent ; elles se manifestent quelquefois par les plus étranges symptômes. Leur siége principal peut être aussi caché dans les racines, à l'abri de nos investigations. Souvent encore une plantation mal exécutée, un sol peu favorable ou des sujets vicieux, s'opposent à toute amélioration; c'est alors qu'il devient fort difficile de trouver un remède.

Pour nous borner à ce qu'elles offrent d'apparent, à celles que nous pouvons guérir surtout dès leur première origine, nous les classerons ainsi qu'il suit :

Maladies des mûriers.

| | | |
|---|---|---|
| Sur | les écorces. | Mousses, lichens, champignons.<br>Excoriations récentes.<br>Chancres blancs.<br>Ecorces cariées et corrompues. |
| | les branches, les feuilles. | Jaunisse des feuilles.<br>Le feu.<br>Branches mortes. |
| | le tronc, le vieux bois. | Ecoulement sanieux.<br>Ulcères et caries.<br>Pourriture du tronc. |

Ces différentes maladies restent souvent ignorées et inaperçues, soit dans leurs principes, soit dans leurs effets ; elles peuvent devenir contagieuses, et s'étendre soit du membre affecté sur les autres parties du sujet, soit sur les arbres du voisinage. Ce dernier cas est assez fréquent, surtout lorsque le mal a pénétré jusqu'aux racines ; alors ces parties souterraines viciées produisent une grande quantité de petits champignons en forme de moisissures, lesquels se propagent bientôt de proche en proche, et causent une grande dévastation. La prompte extirpation est ici le seul remède.

Mousses, lichens et champignons.

Les arbres languissants sont presque tous atteints de cette lèpre. Des mûriers trop rapprochés, placés sur des terrains humides ou à une mauvaise exposition, ne tardent pas à se couvrir de mousses et de lichens par défaut d'air et de lumière.

Ces excroissances parasites épuisent les sucs nourriciers, s'opposent à la libre transpiration, et finissent par corrompre entièrement les écorces. Les moyens préventifs ne doivent pas être négligés. Lorsque ces infirmités proviennent de l'excès d'humidité de terrain, on devra chercher à lui donner de l'écoulement par des rigoles sourdes et disposées à cet effet. Si les arbres sont trop épais ou dans une situation ombragée, il faudra les éclaircir ou détruire les ombrages nuisibles, afin de leur donner une aération parfaite. On pourra quelquefois aussi améliorer l'état peu favorable du sol par des travaux et des amendements habilement combinés.

Lorsqu'il sera impossible de remonter à la source du mal et de l'attaquer dans son principe, il faudra extirper soigneusement ces plantes malfaisantes, en raclant et frottant la tige par un temps humide ; après cette opération, une couche claire de lait de chaux, ou mieux encore d'onguent Forsyth, étendu avec un pinceau sur toute la surface de l'écorce, préservera l'arbre de leur retour pendant plusieurs années.

Les champignons prennent ordinairement naissance sur les parties du tronc mises à jour et tombées en pourriture ; ils sont le résultat de la fermentation des couches ligneuses altérées. Leur destruction par un instrument ne peut jamais être que momentanée ; en faisant disparaître en même temps les pourritures qui leur servent de foyer et les cavités qui leur fournissent un asile, on se garantira définitivement de leur réapparition.

Excoriations récentes.

Autant il est facile et avantageux de porter sur-le-champ un prompt remède aux excoriations récentes causées par divers accidents, autant ces blessures négligées deviennent pernicieuses et rebelles à la guérison. Le mûrier, particulièrement par la contexture soyeuse de son écorce et de son jeune bois, paraît craindre considérablement les meurtrissures ; ses tissus lacérés se dénaturent promptement ; et lorsque la décomposition est parvenue à son comble, elle gagne bientôt l'arbre entier, et ôte tout espoir de rétablissement.

Il s'agit de mettre à l'abri de l'air, du froid, du soleil et de la pluie, les extrémités entamées de l'écorce, ainsi que les parties dénudées du bois, pour entretenir le cambium et empêcher la corruption de pénétrer jusqu'au centre des couches ligneuses, souvent même jusqu'aux racines. On aura soin de rafraîchir immédiatement jusqu'au vif, avec un instrument bien affilé, toutes les parties entamées ou contusionnées de l'écorce ; on disposera ensuite un appareil d'onguent des jardiniers sur toute l'étendue de la blessure. Il faut toujours avoir à sa disposition des préparations de cet onguent.

La cire, les matières résineuses et toutes les compositions dont elles font partie, d'un prix trop élevé pour être appliquées à un usage fréquent, ne procurent pas des guérisons aussi promptes. En revanche, ces emplâtres offrent plus de durée et de solidité.

### Chancre blanc.

Cette maladie, peut-être la plus dangereuse et la plus fréquente de toutes, la plus difficile à découvrir dans ses premiers ravages, naît certainement des congestions viciées, des séves accumulées et des obstructions qui entravent le cours régulier des fluides. Le premier indice apparent est une liqueur corrosive, saumâtre et comme glutineuse, qui se montre sur l'écorce, dont elle décolore l'épiderme. Il en résulte une décomposition générale et très-prompte des parties qui entourent son siége. Le cambium et l'aubier éprouvent de profondes altérations ; bientôt le mal acquiert une extension volumineuse, et finit par dégénérer en ulcère.

Point d'autre remède que de cerner immédiatement la plaie, quelle que soit son étendue, d'enlever jusqu'au vif l'écorce endommagée, de donner un écoulement à la séve corrompue, et même de laisser quelques instants dessécher les parties ligneuses mises à jour, avant de les recouvrir d'aucune composition. Les emplâtres dessiccatifs, dans lesquels la chaux ou le plâtre entre pour une portion, sont ensuite les moyens curatifs les plus propres à arrêter les progrès du mal et à en prévenir le retour.

Il ne faut pas trop s'effrayer des énormes ouvertures et des blessures causées par l'enlèvement des écorces, lorsqu'il est devenu indispensable. Avec de sages précautions, les parties saines, délivrées du contact dangereux des masses gangrénées, travaillent incessament à former un bourrelet sur tout leur pourtour extérieur ; des sécrétions coagulées recouvrent et remplacent les fibres et les vaisseaux dont les extrémités ont été tranchées par l'opération ; insensiblement les lèvres de la plaie se rapprochent et se referment. Jusqu'à ce que les téguments soient parfaitement rétablis, on doit attentivement veiller à ce que le bois dénudé ne soit pas livré sans appui aux outrages des agents atmosphériques, qui l'auraient bientôt réduit en pourriture.

### Écorces cariées ou corrompues.

La végétation a continuellement à lutter soit contre les éléments dévastateurs ou les animaux nuisibles, soit même contre l'imprévoyance et l'impéritie des hommes. Après les dommages continuels qui résultent de ce conflit, elle travaille incessamment à recouvrir les vides opérés entre les tissus corticaux ;

mais, si les parois de la blessure sont desséchées ou attaquées de corruption, la nouvelle séve, malgré tous ses efforts, ne peut franchir ni surmonter ces barrières ; obligée elle-même de se garantir, dans les parties saines, de la contagion qui la menace, elle ne trouve d'ailleurs aucune affinité ni aucun appui sur les tissus ligneux mis en décomposition par l'influence des fluides aériens.

Il faut donc se hâter d'amputer jusqu'au vif toutes les parties morbides de l'écorce, et de recouvrir exactement la plaie par un emplâtre solide, afin que, sous son abri conservateur, les progrès du mal soient arrêtés, et que le rapprochement des extrémités de l'écorce puisse s'exécuter sans obstacles.

Jaunisse des feuilles.

Le changement de couleur des feuilles en une teinte pâle et jaunâtre est plutôt l'indice d'un vice préexistant, soit dans les sucs nourriciers, soit dans le tronc ou dans l'écorce, soit même dans les racines. Pour remédier à l'effet, il faut auparavant détruire le principe. Ici, c'est l'appauvrissement du terrain ; là, c'est le manque de travail ; ailleurs, le rabougrissement du sujet, causé par la répétition des tailles et des dépouillements ; quelquefois une profonde blessure dans les parties souterraines. Dans le cas où la jaunisse apparaît isolée sur une ou plusieurs branches, le retranchement des membres infectés sera pratiqué sur-le-champ, pour empêcher la propagation du mal sur toute l'étendue du mûrier, et l'étouffer à sa première origine.

Le feu.

La fréquence d'une maladie, à si juste titre appelée le feu et réputée contagieuse, a depuis longtemps été signalée dans le Midi comme le plus terrible ennemi des plantations de mûriers. Si les mêmes observations n'ont pas eu lieu plus généralement, c'est qu'en d'autres pays cette culture est moins ancienne et moins étendue ; peut-être aussi que la haute action des chaleurs des contrées méridionales donne une activité particulière à ce fléau dévastateur. Il se manifeste subitement par la couleur noire des feuilles, desséchées et brûlées comme par l'effet d'un météore. Cette maladie réagit avec la plus grande promptitude sur l'écorce et sur le bois ; une séve noirâtre et délétère circule avec rapidité du membre affecté aux autres parties de l'arbre, bientôt réduit à l'état le plus déplorable.

Au premier signal indicateur de la présence de cet ennemi dangereux, avant que ses ravages ne se soient encore étendus et généralisés, on ne saurait trop tôt employer la serpe pour retrancher les membres attaqués. Mais si la majeure partie ou la totalité de l'arbre en a déjà éprouvé les atteintes, un prompt arrachement et l'extirpation des racines jusqu'à leurs dernières extrémités devient absolument indispensable pour prévenir l'empoisonnement sur les arbres du voisinage.

Nous sommes pleinement convaincu que la taille annuelle du mûrier, telle qu'on la pratique actuellement pendant l'époque des grandes chaleurs et de la plus grande végétation, et l'abus excessif des engrais fermentescibles, sont les véritables sources de ces désastres. Les procédés que nous indiquons dans cet ouvrage sont les seuls moyens propres à nous en garantir.

### Branches mortes.

Lorsque, par suite de blessures, par l'effet du froid ou autres causes, aura lieu la mort ou le dépérissement partiel d'une branche, il ne faudra pas hésiter de rabattre jusqu'à la partie saine ce membre desséché ou inutile.

### Ecoulements sanieux.

D'autres bien fâcheux accidents sont encore les tristes résultats de la taille annuelle ; ce sont les dépôts et écoulements sanieux, plus ou moins invétérés, plus ou moins profonds, d'où suinte continuellement une liqueur noirâtre et pierreuse qui se durcit en desséchant.

La multiplicité des blessures causées par l'effeuillement et la taille, et par suite la solution violente de continuité des vaisseaux, souvent aussi l'extrême rigueur des hivers, produisent de graves altérations sur les rayons médullaires, les utricules et le tissu cellulaire ; il en résulte une décomposition des matières organiques ligneuses, combinée avec les gaz carboniques qui circulent dans les vaisseaux ; il s'en forme des amas considérables. Cette liqueur remonte quelquefois jusqu'à la couronne, où elle cherche une issue ; quelquefois aussi elle pénètre aux racines qu'elle a bientôt entièrement corrompues.

Ces accidents répétés réagissent à l'intérieur, et deviennent les causes cachées des sanies incurables. Il est heureux encore lorsque cette humeur corruptrice se fait jour au dehors à travers les écorces ; plus longtemps renfermée, elle aurait produit infailliblement la perte de l'arbre, en parvenant jusqu'à la moelle à travers les couches ligneuses putréfiées.

Il faut rechercher avec soin et ouvrir les dépôts intérieurs où des matières en fermentation sont accumulées, rafraîchir jusqu'au vif le bois et les écorces, et, par l'application des onguents alcalins, cautériser la plaie, sans fermer toute issue à la suppuration.

L'emploi d'un fer rougi, conseillé dans ce cas par quelques auteurs, ne peut que présenter des effets pernicieux ; le feu consume les fibres ligneuses, et, loin de les guérir, après avoir dénaturé par la coction les sucs organiques, il les refoule dans le corps de l'arbre. D'ailleurs les parois d'une blessure ainsi contrariée ne pourront jamais se refermer complétement.

### Ulcères et caries.

Lorsque le mal est parvenu à ce dernier terme, souvent une grande partie du bois est attaquée et n'offre plus aucun signe de vie ; il faut craindre de le scruter trop profondément, ce qui compromettrait la solidité de l'arbre. On se contentera donc, après avoir ouvert et nettoyé l'intérieur de l'ulcère, et enlevé les matières en décomposition, d'affranchir exactement les bords de l'écorce, et de remplir l'excavation par un appareil d'une solidité proportionnée à la gravité de la blessure.

### Pourriture du tronc.

Un mûrier parvient très-rarement à un âge avancé, sans être plus ou moins endommagé soit par des fractures ou des accidents, soit à la suite des traitements barbares qu'on lui fait éprouver. Alors les cavités remplies de bois en décomposition deviennent le réceptacle des eaux pluviales, du givre et de la neige, agents toujours nuisibles et disposés à amener en peu de temps la destruction entière du tronc par la progression de la pourriture.

Des arbres vieux et décrépits méritent souvent d'être conservés avec le plus grand soin ; on en voit d'entièrement creux se couvrir d'une assez riche végétation, et fournir une abondante récolte. Mais comme, dans ces vieux troncs, le tissu ligneux, support naturel de l'arbre, est presque entièrement détruit, pour suppléer aux parties corrompues, après avoir dégagé l'intérieur des matières viciées, il faut remplir le vide de manière à fermer hermétiquement les issues et à garantir les mûriers contre les efforts des vents.

Il sera même souvent nécessaire, lorsque les excavations seront d'un volume considérable, de construire avec des briques et du ciment, dans toute leur profondeur, une muraille compacte et plus durable que les emplâtres, en prenant garde toutefois de ne pas offenser par des angles saillants les parties végétantes du bois et de l'écorce.

Nous ne nous occuperons des maladies occultes des racines

que pour reconnaître les graves difficultés que leur situation
souterraine oppose à leur guérison immédiate ; souvent même
elles n'ont d'autre source que les altérations des parties aériennes qui réagissent sur elles. On peut les diviser en maladies
organiques et en maladies accidentelles. Dans le premier cas,
elles proviennent presque toujours du mauvais état du sujet
choisi pour la plantation ; dans le second cas , les accidents in-
séparables de la culture des céréales au moyen de la charrue
sont une cause de la fréquente mutilation des racines traçantes
du mûrier. On peut y joindre le défaut de travail , la nature
défavorable du sol et la mauvaise culture.

Toute opération violente sur les racines , loin de procurer
la cure des infirmités qui les attaquent, est plutôt propre à les
aggraver sérieusement et à irriter le mal ; les moyens d'y remédier, et surtout de le prévenir, dépendent donc préalablement
de l'observation constante des conseils que nous avons donnés
précédemment.

## CHAPITRE XXI.

MIXTURES ET COMPOSITIONS PROPRES A RECOUVRIR LES PLAIES
ET LES BLESSURES DES MURIERS.

Nous devons faire connaître ici la composition et l'emploi
des diverses mixtures propres à recouvrir les plaies et les coupures des mûriers, et particulièrement celle dont nous sommes
redevables à M. Forsyth, jardinier anglais, et dont nous avons
depuis plusieurs années reconnu l'efficacité et le bon usage.

On l'emploie à diverses consistances, suivant les besoins, pour
la destruction des mousses , le renouvellement des écorces, et
la guérison radicale des plaies les plus invétérées. Nous avons
substitué avec un égal succès le plâtre à la poudre d'albâtre ,
pour saupoudrer les appareils appliqués sur de fortes blessures.

Composition et usage de l'onguent Forsyth. — Onguent des jardiniers. —
Extrait de la *Culture des arbres fruitiers* de cet auteur.

« Prenez un boisseau de bouse de vache, un demi-boisseau
» de plâtras de vieux bâtiments, un demi-boisseau de cendres
» de bois non lessivées, et la seizième partie d'un boisseau de
» sable ; on doit tamiser ces trois derniers objets, mélanger le
» tout, et le travailler avec une spatule de bois jusqu'à ce
» qu'il soit parfaitement uni.
» On peut employer cette composition dans la consistance
» du mortier, et sous la forme d'emplâtre ; mais il est plus

» avantageux d'en faire usage sous une forme plus liquide,
» parce qu'elle adhère plus fortement à l'arbre, et, malgré cela,
» permet plus aisément à l'écorce de croître. On la délaye donc
» avec de l'urine et de l'eau de savon, jusqu'à consistance
» d'une peinture un peu épaisse; on unit la coupure ou bles-
» sure, on arrondit et amincit les bords de l'écorce, et l'on
» applique dessus la composition avec un pinceau.

» Prenez alors des cendres de bois, mêlées avec une sixième
» partie d'os brûlés et réduits en cendre; secouez cette poudre
» sur la surface de la composition jusqu'à ce qu'elle en soit
» couverte; laissez-la sécher une demi-heure; remettez da-
» vantage de cette poudre; battez-la avec la main, et répétez
» l'application de la poudre jusqu'à ce que l'emplâtre forme
» une surface sèche et unie.

» Toutes les fois que la blessure sera un peu considérable,
» il faudra joindre à cette poudre une quantité égale de poudre
» d'albâtre, afin de rendre la composition plus propre à ré-
» sister au suintement des arbres et aux grosses pluies. Quand
» on ne peut se procurer communément du plâtras, on prend
» de la chaux ordinaire éteinte au moins depuis un mois. »

### Onguent de Saint-Fiacre.

Rien de plus simple que la composition de cet onguent,
auquel on ne peut reprocher que le défaut de solidité et le peu
de résistance à la pluie. Il est formé de parties égales de bouse
de vache humectée et de terre argileuse, pétries et malaxées
fortement ensemble, de manière à former un amalgame
parfait.

### Onguent à la cire; cire à greffer.

On fait fondre ensemble :
Une partie cire jaune ;
Une partie suif de mouton ou de chandelle ;
Deux parties poix noire de Bourgogne;
Deux parties poix blanche.
On peut mélanger au tout un dixième de brique pilée et
bien tamisées, dans le cas où l'on aurait de fortes blessures à
panser.

L'application des emplâtres gras et résineux ne doit jamais
avoir lieu que tiède et fondante; sans cela on aurait fortement
à craindre que la chaleur trop élevée ne brûlât les extrémités
entamées des fibres et des vaisseaux ligneux, ce qui leur
porterait un grave préjudice.

Mastic à froid.

Il faudra faire fondre ensemble :

Poix de Bourgogne,  
Térébenthine,  } même quantité.

Verser dans l'eau froide, et pétrir fortement ensemble pour bien mélanger les deux substances et les ramollir.

Le grand avantage de cette composition est d'être appliquée à froid ; ainsi elle n'altère jamais les parties de l'écorce sur lesquelles elle est apposée ; elle se durcit à l'air et au soleil.

La grande similitude qui existe entre les parties organiques du corps humain et celles des végétaux, doit nous encourager à tenter pour les mêmes maux les mêmes remèdes.

Nous recommanderons donc, pour recouvrir et panser des blessures dangereuses et opiniâtres, l'emploi d'une espèce de diachylon que l'on pourrait composer ainsi :

Une partie cire jaune ;  
Une partie blanc de baleine ;  
Une partie poix de Bourgogne ;  
Une partie térébenthine ;  
Une partie poix blanche.

On fait fondre ces matières ; on y verse alors un vingtième de céruse bien pilée et tamisée, que l'on mélange parfaitement dans la composition, et on étend la fusion en couches minces sur une toile.

L'application devra en être faite par bandes alternatives et imbriquées les unes sur les autres, tout autour du rameau attaqué, de manière à comprimer légèrement la plaie, à en protéger l'orifice, et à faciliter le rapprochement des écorces.

## CHAPITRE XXII.

LABOURS, BINAGES, SARCLAGES, ENGRAIS, ARROSEMENTS, CULTURES INTERMÉDIAIRES ; REMPLACEMENTS.

Pendant plusieurs années après la transplantation à demeure, les mûriers sollicitent encore une attention toute particulière, des labours multipliés, et surtout de fréquents binages. Parvenus à leur entier accroissement, ils exigeront encore, quoique devenus alors moins délicats, une foule de soins et de travaux.

Aussitôt après les froids, lorsque la terre, ameublie par les gels et les dégels, est devenue bien friable, une bonne façon à la bêche sera donnée à toutes les plantations. C'est aussi le moment de répandre et d'enfouir les engrais, et de s'occuper, s'il y a lieu , d'amendements ; la terre sera bien rompue et émiettée, afin de la rendre parfaitement perméable aux fluides aériens , et de la maintenir, sous leur influence, dans une fraîcheur favorable au développement des racines.

Après le dépouillement des feuilles, une seconde façon à la houe ameublira de nouveau la surface du sol durcie par les chaleurs , et foulée aux pieds au moment de la cueillette.

Le troisième labour suivra immédiatement la chute automnale des feuilles; il sera donné à la bêche ou à la pioche, selon l'état du terrain. On aura soin d'enterrer les débris de feuilles et d'herbages qui jonchent alors la terre.

Dans les intervalles de ces travaux, des binages répétés, suivant la nature ou la condition du sol , ne lui permettront pas un instant de se durcir ou de se resserrer ; ils empêcheront en même temps les mauvaises herbes d'appauvrir et d'infecter le terrain , car ce n'est jamais qu'aux dépens des mûriers qu'elles absorbent les substances qui leur étaient destinées ; enfin, on maintiendra, par tous les soins imaginables, la plantation dans l'état le plus propice à la végétation des arbres.

La nécessité des fréquents labours nous est depuis long-temps et journellement démontrée par les succès que nous en obtenons dans nos cultures d'éducation. Nous sommes même parvenus par ce puissant moyen à supprimer en partie les engrais , dont l'excès est toujours nuisible à la prospérité future des jeunes élèves.

Mais , comme les plantations de mûriers sont la plupart situées sur des terrains arides et de peu de profondeur , pour suppléer à leur défaut de fertilité, rien ne peut remplacer les engrais ; et quoique, dans l'intérêt de la durée et de la conservation de l'arbre, nous donnions le conseil de ne pas en user avec trop de prodigalité , le fumier est le seul moyen d'augmenter considérablement le produit immédiat de pareilles cultures.

Souvent l'état de la végétation indique et fait reconnaître dans le terrain un vice caché que l'on n'aurait pu prévoir. Quoiqu'il soit toujours préférable d'y porter remède avant la plantation, il sera cependant utile et profitable de modifier par de bons amendements la nature défavorable des terres.

Ainsi, des sols humides ou trop compactes, qui maintiennent les eaux de pluie ou d'écoulement, pourront souvent acquérir une grande fertilité par des mélanges de chaux , de vieux décombres, de plâtras, de cendres, et même, dans quelques occasions , par l'addition d'une certaine quantité de sable pur , par l'enfouissement de genêts, de buis , de genévriers , et d'autres végétaux feuillés.

Les terrains secs et brûlants préfèrent le fumier de vache, les débris de magnanerie et de filature, les poudrettes sanguines, les tourteaux d'huile, et surtout les gazons pourris, et tous les engrais froids qui produisent peu de fermentation. Dans diverses localités, l'emploi de la semaille ou de rognures de cuirs, mises en petite quantité, a donné des résultats assez satisfaisants.

Plus anciens et plus avancés que nous en pratique d'agriculture, les Chinois industrieux se servent de l'eau comme le moyen le plus puissant d'activer la végétation ; là, chaque source est utilisée, et les ruisseaux, les rivières même, nivelées par des canaux multipliés, portent, par l'irrigation, jusqu'aux cimes des coteaux l'abondance, la fertilité et la vie.

Chez nous, l'eau n'est guère employée que pour les prairies ou l'arrosement dispendieux des jardins ; cependant en beaucoup de lieux elle croupit inutile, stagnante et même dangereuse. Profitons de cet agent précieux partout où nous pourrons le rencontrer, mais n'en abusons pas. L'eau par elle-même, et par les matières en dissolution qu'elle entraîne avec elle, est le principal mobile de la séve. Dans des terrains chauds, en pente, exposés au midi, elle vaut un excellent engrais ; ceux qu'elle a parcourus quelque temps prouvent, par leur fertilité étonnante combien son emploi bien ménagé peut devenir avantageux.

Nous regardons toujours la culture des céréales et des fourrages de la famille des légumineux, et particulièrement de la luzerne, au pied des mûriers, comme si funeste pour ces arbres, que nous préférerions encore, malgré nos prescriptions réitérées, exécuter les plantations plus épais que d'y pratiquer à l'entour des cultures aussi préjudiciables et aussi pernicieuses. On doit aussi éviter avec le plus grand soin d'en approcher la charrue assez près pour mutiler les racines.

Il serait bien plus profitable d'entretenir les mûriers en parfait état de culture, sans chercher à retirer du terrain d'autres productions ; cependant on pourra, sans leur nuire sensiblement, utiliser les intervalles par quelques lignes clair-semées de petites récoltes à la bêche ou à la pioche, telles que haricots sans rames, navets, raves, pommes de terre, betteraves et carottes, toutes les cultures sarclées et fumées, et particulièrement celles qui ombragent le sol par leurs larges fanes, sans l'épuiser trop par leurs racines.

### Remplacements.

Lorsque, par vétusté ou par l'effet de diverses maladies, des mûriers viennent à périr dans des plantations déjà anciennes, on éprouve ordinairement de grandes difficultés pour opérer leur remplacement. Il est évident que le sujet mis à leur place ne jouira jamais de conditions aussi favorables que son prédécesseur. L'entrelacement toujours croissant des racines, l'épuisement des sucs nourriciers et l'empoisonnement du terrain, produits par les aspirations et les sécrétions des végétaux qui ont primitivement occupé le sol, semblent toujours opposer un obstacle invincible à la réussite de nouvelles replantations, surtout lorsqu'elles ont lieu en plants de la même famille et sans repos intermédiaire.

Il est cependant très-important de ne laisser aucun vide improductif dans les mûreraies. Une espèce qui nous offre déjà de nombreux avantages, le moretti, est un sujet précieux et unique pour les remplacements ; sa force végétative et sa vigueur extraordinaire lui procurent les moyens de faire des progrès satisfaisants dans des situations où toute autre espèce n'aurait absolument aucune chance de succès. Nous l'avons fait reprendre et réussir maintes fois dans des fosses anciennes où cinq ou six mûriers, souvent même des sauvageons, avaient été essayés inutilement avant lui. Il n'a pas tardé à y croître à merveille, et presque aussi bien que s'il y avait été planté en premier lieu.

Si un mûrier vient à périr, ou que son état maladif nous réduise à le détruire, il faut l'extirper entièrement avant que les racines ne soient encore pourries, ce qui pourrait causer à ses voisins de très-graves dommages. On ouvrira dès lors une fosse large et profonde ; on rejettera les terres tout autour dans un rayon assez étendu, afin qu'elles puissent se rassainir et s'imprégner des miasmes aériens. On aura soin, lors de la plantation, de mélanger avec les anciennes terres quelques portions de terres neuves et fertiles.

Quoi de plus riant, quoi de plus lucratif qu'une plantation de mûriers bien cultivée et soigneusement entretenue ! Elle est un objet d'admiration pour le voyageur passager, et fait la gloire et la fortune de son propriétaire. Rien, en effet, n'est plus digne de l'attention particulière du cultivateur que l'arbre précieux dont les feuilles sont la nourriture exclusive de l'insecte qui produit la soie ; car c'est précisément de l'abondance et de la bonne qualité de ces feuilles que doivent résulter la prospérité de ses éducations et l'augmentation considérable de ses revenus.

## CONCLUSION.

Nous avons cherché, dans le cours de cet ouvrage, à prémunir les planteurs de mûriers contre les funestes effets de la routine et les dangers non moins pernicieux des innovations basées sur la seule théorie. En faisant connaître les meilleures méthodes pour l'éducation , la plantation , la taille et l'entretien des mûriers dans le centre de la France, nous avons insisté surtout sur la nécessité de supprimer dans nos contrées la taille d'été, dont les fâcheuses conséquences sont partout incalculables.

Appuyé sur la pratique et l'expérience de nos procédés , nous pouvons affirmer qu'une taille bien entendue , exécutée au printemps tous les quatre ans , assure à la croissance du mûrier un avantage incontestable et que rien ne saurait remplacer. L'arbre se repose pendant la saison qui suit cette opération ; ses rameaux rajeunis poussent vigoureusement , et acquièrent toute la maturité désirable. Pendant les trois années suivantes , le déficit de feuilles produit par l'année de taille et de repos est plus que remplacé ; le mûrier , en outre , prend plus d'accroissement, et la qualité de sa feuille est infiniment supérieure.

Nous pourrions étayer par des faits et des calculs la démonstration bien précise de tous ces avantages ; mais , pour des hommes clairvoyants, une exposition simple et de bonne foi doit suffire.

A ceux qui pourraient croire qu'un désir immodéré d'innovation nous a poussé à créer un système destiné à crouler devant la première application , nous pouvons avec confiance montrer nos propres cultures, preuves vivantes et heureux succès de nos longues expériences, après d'infructueux essais d'après les méthodes ordinaires.

Puissions-nous par ce faible écrit, résultat consciencieux de nos recherches et de notre amour pour la culture perfectionnée des arbres , porter la conviction dans l'esprit de nos lecteurs , et leur assurer par l'emploi de notre méthode les immenses avantages qu'elle promet à tous les planteurs qui sauront l'apprécier et la mettre en pratique.

*Extrait du Bulletin de la Société d'agriculture, belles-lettres, sciences et arts, de Poitiers.*

# RAPPORT

SUR LES MÉMOIRES ADRESSÉS A LA SOCIÉTÉ POUR CONCOURIR AFIN D'OBTENIR LE PRIX QU'ELLE A OFFERT AU MEILLEUR MÉMOIRE SUR LA CULTURE ET LA TAILLE DES MURIERS DANS LES DÉPARTEMENTS DU CENTRE DE LA FRANCE;

## Par M. MOYNE.

MESSIEURS,

Plusieurs des rois de l'ancienne dynastie ont favorisé les plantations de mûriers, dans le but de fournir abondamment des matières premières aux fabriques de Nîmes et de Lyon, qui dès longtemps occupaient un grand nombre d'ouvriers à la création des étoffes de soie.-

Si cette industrie fut rétrograde pendant les guerres de la révolution, elle reprit une grande activité pendant le consulat et l'empire. L'empereur, qui voulait aussi combattre les Anglais dans leur industrie, repoussait les tissus de coton, et encourageait la production des soieries; on retrouve jusque dans les règlements qui déterminent les costumes de certains fonctionnaires, le soin avec lequel on prescrivait l'emploi de la soie : la volonté du chef de l'Etat devint une cause d'imitation, et bientôt les plus riches tentures de Lyon vinrent orner les salons.

On conçoit qu'à cette époque le Piémont, ce pays qui produit de si belles soies, et en si grande quantité, étant réuni à la France, le gouvernement ne dut pas s'occuper autant de la plantation des mûriers; mais, les désastres de 1814 et 1815 ayant réduit notre pays à ses anciennes limites, il fallut créer de nouvelles ressources; et la paix, qui permet aux hommes de rechercher les sources de la prospérité publique, donna un nouvel essor à toutes les industries.

Les statistiques apprirent bientôt que les métiers occupés

au tissage de la soie employaient des matières premières pour 150,000,000 fr., tandis que la France n'en produisait guère que pour 100 millions, ce qui nous rendait tributaires des étrangers pour une valeur de 50 millions.

Sans doute il ne faut pas chercher à forcer la nature, et, si la région moyenne de la France n'était pas favorable à la culture des mûriers et à l'éducation des vers à soie, il y aurait témérité et faux calcul à s'en occuper ; mais les anciennes plantations dont on retrouve les vénérables vestiges, et les traditions de l'histoire, démontrent que cette industrie prospéra où nous voulons contribuer à la rétablir, et que, si elle se perdit, on ne peut en attribuer la cause qu'aux désordres intérieurs qui firent tomber tant d'autres industries. Que sont devenues, dans cette ville, ces fabriques de tapis moelleux qui, sous Louis XIV, ornaient encore les palais des rois? Le souvenir s'en retrouve à peine.

Si donc le commerce se déplace, si des villes perdent leur prospérité, c'est aux populations à en trouver les causes, et à chercher à remplacer des avantages perdus par d'autres qu'on peut faire naître.

La fortune foncière d'une nation est susceptible de grands développements , mais ceux de l'industrie manufacturière sont plus prompts et plus considérables ; tout se lie, tout s'enchaîne : l'agriculture est aussi une industrie, elle est surtout la première ; si elle donne les matières premières, les arts s'en emparent, et, par les mille transformations qu'ils savent leur donner, en multiplient la valeur.

Qui ne connaît les prodiges de la fabrique de St-Etienne , qui envoie ses rubans dans les quatre parties du monde, et crée des cordonnets ou lacets pour plusieurs millions ?

La question de l'industrie en général n'est plus à l'état de controverse , tous les peuples la veulent avec ses développements ; la réussite appartiendra à ceux qui feront bien et vite.

Fournissons donc à nos fabriques du Midi , si nombreuses , si florissantes, tout ce qu'elles nous demandent pour continuer leurs progrès ; qu'une froide apathie n'arrête pas l'essor qui est donné. Si la paix nous force à ne voir dans les Anglais que des rivaux, et non plus des ennemis, n'oublions pas qu'ils cherchent par des efforts persévérants à nous enlever l'industrie de la soie, la plus productive de toutes celles que nous cultivons, et que l'Inde leur fournit déjà des soies gréges en abondance , et que la révolution commerciale qui vient de s'opérer par la force sur les côtes de la Chine leur donnera ce que nous pouvons si bien trouver chez nous.

Le conseil général s'est pénétré de ces vérités ; il a compris

que le sol et le climat du département étaient favorables à
l'industrie de la soie; il a fondé la magnanerie-modèle départementale, dirigée par les soins éclairés de Mme et de M. Millet,
ainsi que de M. Robinet, auteur du cours gratuit fait à Paris
à la mairie des Petits-Pères.

Cet établissement a complétement atteint le but de sa fon-
dation; il y a plus : M. Robinet a su le rendre, sinon l'un
des plus productifs, à raison du peu d'étendue du jardin et de
l'âge des arbres, du moins il en a fait le premier établissement
scientifique qui soit en France, par les expériences nombreuses
qui ont été faites et les questions qui y ont été résolues.

Messieurs, vous avez voulu vous associer aux vues utiles
du conseil général; et afin de naturaliser dans la Vienne la
culture développée du mûrier ainsi que la production de la
soie, vous avez, en 1840, ouvert un concours pour un manuel
de la culture et de la taille du mûrier dans la région moyenne
de la France. Vous avez annoncé en même temps que l'auteur
du meilleur mémoire sur cette question recevrait une médaille d'or de la valeur de 300 fr.

Votre appel a été entendu, et plusieurs mémoires remarquables ont été soumis à votre examen; il en est un surtout
qui a mérité votre haute approbation, bien qu'il laisse encore
désirer quelque chose quant à la description des divers sys-
tèmes de taille (1).

Ce manuel contient environ 200 pages, et plusieurs planches
où sont des dessins à la main très-bien faits.

L'auteur, qui appartient au département de la Loire, pays
montagneux et peu fertile, possède très-bien son sujet; on reconnaît que ses préceptes sont appuyés sur la pratique, et
qu'il connaît tout ce qui concerne la culture et la taille du
mûrier; on reconnaît même à des considérations pleines d'intérêt, un homme versé dans la physiologie des plantes.

L'auteur traite d'abord, dans des considérations générales,
des avantages de la culture du mûrier; sans prévention comme
sans enthousiasme, il développe sa proposition, l'appuie sur
des faits, et arrive à des déductions précises, à savoir, que
dans l'Ardèche et la Loire le sol cultivé en mûriers donne le
produit agricole le plus élevé; il le met même au-dessus de la
vigne, ce qui s'explique par le pays qu'il habite : je dirai
même que les auteurs de deux autres mémoires dont j'aurai
à vous entretenir rapidement, partagent cette opinion, qui
rencontre actuellement peu de contradicteurs.

(1) Il porte pour épigraphe ces mots : *Quid tibi referam.... velleraque ut foliis depectant tenuia seres ?*

Je pressens l'objection que l'on peut faire : on dira que la Vienne n'est pas l'Ardèche ni la Loire , et que ce qui peut être vrai là-bas ne le serait pas ici. Il est facile de répondre à cette objection.

Dans l'Ardèche, le sol n'est certainement pas de première qualité ; les meilleures terres sont réservées aux céréales ; le pays est sec , et les vents y ont une très-grande force.

Généralement dans la Vienne, et surtout dans l'arrondissement de Poitiers, les terres ne sont pas excellentes ; il en est beaucoup qui sont sèches et caillouteuses, et par cette raison donneraient, avec des mûriers, des produits plus élevés que le rendement des céréales, surtout avec le faible prix de vente qu'elles obtiennent, comparé à celui des autres départements.

Personne ne proposerait de faire du mûrier une culture principale ; ce serait demander des sacrifices que les habitudes du pays ne permettraient pas ; mais il faut planter des mûriers sur les routes, les chemins vicinaux et ceux de desserte, et les protéger par des fossés , *si nécessaires pour obtenir des amélio-rations agricoles;* il faut, en un mot, planter des mûriers par-tout où l'on rencontre un petit coin de terre inoccupé et en friche : les environs de Poitiers devraient particulièrement être occupés par cet arbre précieux, parce que l'on trouverait fa-cilement dans la ville des bras et des bâtiments pour établir des magnaneries.

La culture des céréales pourrait donc s'allier très-bien à celle du mûrier. Que l'on compare un instant les résultats.

Le blé-froment est le principal produit du département de la Vienne; or l'on sait combien il faut de travail pour obtenir la récolte. Et si encore tout était fini! mais non : avant d'ob-tenir le prix de vente, il faut des démarches et du temps ; aussi ce n'est pas trop dire que de fixer à près d'un an le terme nécessaire pour avoir le produit réel de cette culture.

Le mûrier donne ses produits dans un mois ; et, si l'on veut supposer qu'un second mois serait nécessaire pour la filature et la vente de la soie, qui se fait toujours au comptant, on reconnaîtra que cette industrie présente de grands avantages.

Dans les pays où elle est actuellement développée, les im-pôts sont payés en une seule fois, au mois de juillet; dans l'Isère, par exemple, pays d'activité et de travail, où tant d'autres produits suffisent au bien-être de 560,000 âmes, la culture secondaire du mûrier y a une si grande importance, que pen-dant l'éducation des vers cette industrie devient l'objet de toutes les conversations.

Je ne puis résister au plaisir de vous citer un fait rapporté, parmi tant d'autres, par l'auteur du second mémoire dont je vous dirai quelques mots.

La commune de Villerange, dans les Cévennes, n'avait point de mûriers il y a 70 ans ; alors elle était pauvre, les habitants mangeaient du pain de seigle et d'orge ; ils ont maintenant un nombre prodigieux de mûriers qui leur permettent de vendre tous les ans de la soie pour 525,000 fr. ; ils sont mieux logés et mieux nourris : ainsi ils ont obtenu le bien-être qui suit l'aisance.

Le mémoire, que je veux analyser très-rapidement, traite ensuite des diverses espèces de mûriers ; il repousse celle appelée multicaule, et conseille de ne jamais lui accorder une trop grande place dans les plantations, à raison de l'effet des gelées sur son bois.

Le mûrier rose d'Italie, celui généralement cultivé dans le Midi, est indiqué comme le meilleur, quelles que soient les formes qu'on lui donne.

L'auteur traite ensuite de la multiplication du mûrier par les semis et la greffe ; après avoir parlé des greffes en écusson, il signale celle en flûte, si usitée en Italie et dans le midi de la France, et si peu appliquée dans ce département ; il l'indique comme plus longue à faire, mais présentant de grands avantages.

Le choix du terrain, l'exposition, la préparation du sol, le choix des arbres, l'époque de la plantation, enfin les soins de la plantation sont indiqués avec discernement et appuyés sur des exemples.

La culture, la taille et l'entretien des jeunes mûriers sont ensuite développés ; l'auteur démontre que l'on abuse de la vigueur des mûriers, il proscrit la taille après la cueillette de la feuille, et enseigne que si cette taille est pernicieuse dans le Midi, elle deviendrait mortelle dans la région moyenne, où la végétation est arrêtée par les premières gelées blanches, toujours hâtives.

La taille trop répétée est un danger ; celle trop éloignée ne l'est pas moins ; l'auteur préconise la taille bisannuelle, triennale, et ne veut pas qu'elle soit reculée au plus à quatre ans : cela dépend, dit-il, du climat, du sol, et surtout de la vigueur des arbres.

Les moyens de faire la cueillette ne sont pas oubliés, ni les maladies des mûriers, ni les moyens curatifs à employer.

Les bornes de ce rapport ne me permettent pas d'entrer dans de plus grands développements ; je le regrette, parce que cet ouvrage contient des considérations élevées sur plusieurs parties du sujet qui nous occupe.

Permettez-moi, Messieurs, de vous dire deux mots des planches qui accompagnent ce mémoire.

La première est la représentation des semis et des jeunes plants.

La seconde est l'image fort exacte des différentes espèces de greffes.

La troisième fait voir un arbre préparé pour être planté, un autre à l'état de plantation, et un troisième avec ses pousses d'un an.

La quatrième est le complément de la troisième, la terre couvrant les racines.

La cinquième indique la taille et l'entretien des jeunes mûriers.

La sixième, la taille et l'entretien des forts mûriers.

La septième, la taille et l'entretien des vieux mûriers.

La huitième indique les méthodes anciennes.

La neuvième nous montre des mûriers séculaires.

La dixième, les funestes effets de la taille annuelle d'été.

Enfin, la onzième est une lithographie d'une grande feuille de mûrier moretti.

Tous ces dessins sont faits avec un talent remarquable.

En me résumant, si je dois dire que le mémoire dont je viens de parler contient des choses que l'on peut trouver dans les publications qui ont été faites depuis l'abbé Rosier, il est vrai de dire qu'il contient beaucoup de considérations importantes et nouvelles au point de vue de l'auteur, et quand surtout on remarque que dans les nombreuses publications qui ont vu le jour depuis quelques années, sur ce sujet, le vrai est souvent obscurci par les inconvénients d'une fécondité malheureuse. Vous aurez rendu un grand service aux propriétaires et éducateurs, en mettant au concours la question dont je viens de parler, et en répandant un mémoire qui sera un excellent guide dans l'état actuel de la science.

Messieurs, j'ai eu l'honneur de vous annoncer que, parmi les mémoires qui vous ont été adressés, il en est qui méritent une mention spéciale; au nombre de ceux-ci se trouve l'ouvrage ayant pour titre : *Comment on peut cultiver avec succès le mûrier dans le centre de la France*, par M. de Chavannes de la Giraudière, membre de la Société d'agriculture de Tours, et directeur de la pépinière départementale de Mettray.

L'auteur a été chargé de plusieurs missions qu'il a mises à profit en étudiant les théories et les faits; il déclare avoir écrit pour le centre de la France, et par conséquent pour les pays qui sont sous la latitude de Tours et Poitiers.

Après avoir parlé des semis et autres moyens de multiplication, de la greffe, de la plantation, du terrain et des cultures, l'auteur arrive à démontrer cette proposition, que le terrain planté en mûriers donnera toujours un produit net infiniment supérieur à celui de toutes les cultures usitées dans nos contrées : le mûrier, ajoute-t-il, croît dans tous les terrains avec une vigueur et une rapidité qui étonneront toujours les nouveaux planteurs.

M. de Chavannes donne ensuite d'excellents conseils, fondés sur ses expériences ; il cite souvent M. Robinet ; et, nous vous l'avouerons, ce n'est pas sans une vive satisfaction que nous voyons les magnaniers de diverses parties de la France s'emparer des méthodes de notre collègue et les préconiser.

L'ouvrage dont je vous entretiens a été imprimé à Tours ; il y a justice à le recommander à tous les hommes qui veulent faire marcher l'industrie séricicole.

Nous serions ingrats, Messieurs, si nous ne signalions à l'attention des éleveurs de mûriers le mémoire ayant pour épigraphe ces mots : *Un octogénaire plantait.*

Le plan suivi par l'auteur est à peu près celui des deux premiers ; à part quelques propositions qui sont susceptibles de controverse, les principes indiqués sont bons, mais peu développés : M. Robinet est cité, ainsi que M. Boyer de Nîmes.

En général, l'auteur s'appuie plutôt sur des autorités que sur des faits ; on remarque cependant dans ce mémoire un esprit d'observation qui lui eût mérité le second rang, si la rédaction en eût été revue.

Pour terminer cette partie, je résume ainsi les motifs de la préférence accordée au premier mémoire sur les deux autres.

L'ouvrage est plus complet, et les principes admis y sont plus développés ; l'auteur est riche de son propre fonds et n'a rien eu à emprunter à personne. On voit qu'il a vécu au milieu des mûriers, et qu'il a pu écrire son mémoire en rapportant ce qu'il a vu et ce qu'il a fait, ce qui donne beaucoup plus d'autorité à son écrit.

Ce premier jugement ne nous a plus causé d'étonnement, lorsqu'après avoir brisé une bande qui le cachait, nous avons connu le nom de l'auteur.

Ce manuel est donc un excellent guide à mettre entre les mains des planteurs de mûriers.

Le mémoire rédigé par M. de Chavannes est écrit avec clarté, et la division des matières est naturelle; mais l'ouvrage est peu complet, et ne contient pas tous les développements qu'on aurait pu désirer ; au surplus, l'auteur parle avec une entière franchise, il déclare qu'il ne s'occupe de la culture des mûriers que depuis quelques années.

Le mémoire ayant pour épigraphe : *Un octogénaire plantait*, a plus d'étendue. L'auteur appartient à un pays où il y a beaucoup de mûriers ; aussi parle-t-il souvent des plantations qui existent dans son voisinage. Il appuie ses propositions sur les opinions de plusieurs écrits récents ; si la rédaction de cet ouvrage eût été revue, peut-être l'aurait-il emporté sur le manuel de M. de Chavannes : ces considérations ont déterminé le jugement de la Société.

La médaille d'or de 300 fr. est accordée à M. Adrien Sénéclauze, horticulteur pépiniériste à Bourg-Argental, département de la Loire ; la médaille d'or lui sera délivrée, et il restera propriétaire du mémoire couronné, sous la réserve expresse par la Société de publier en tout ou en partie ce mémoire dans ses bulletins, ainsi qu'elle l'a entendu dans son programme.

La Société accorde une mention honorable *ex æquo* aux auteurs des deux mémoires portant, l'un pour épigraphe ces mots : *Dénaturer les faits pour appuyer ses théories est une lâcheté ;* et l'autre : *Un octogénaire plantait.*

Messieurs, l'industrie séricicole se divise en plusieurs branches. Sans doute des hommes actifs, intelligents, et munis de capitaux suffisants, pourront réunir la culture du mûrier à l'éducation des vers et à la filature de la soie ; mais ces conditions favorables ne se rencontreront pas partout ; ainsi la division du travail sera généralement plus profitable, et fera naître un plus grand nombre de plantations. Je suis persuadé qu'un plus grand nombre de propriétaires auraient déjà planté des mûriers, s'ils eussent eu en perspective la vente facile des feuilles, et s'ils n'eussent pas été effrayés par les embarras d'une magnanerie. Qu'ils ne se découragent pas, il en sera de ce pays comme de tous ceux où l'on s'occupe de cette culture : les uns, et ce lot est celui des propriétaires fonciers, auront des arbres ; d'autres achèteront la feuille, et nourriront les vers, ou feront ce travail en partageant les produits avec les propriétaires de la feuille ; d'autres, enfin, achèteront les cocons et fileront la soie ; ainsi disparaîtront tous les embarras, et chacun procédera selon ce qui lui semblera plus facile ou plus profitable. Il faut donc, après les plantations, naturaliser dans le pays l'art de tirer ou filer la soie ; sans cela on craindrait de ne pas pouvoir se défaire facilement ou de sa feuille ou de ses cocons. Vous avez été frappés de ces inconvénients, et, pour venir au devant de toutes les objections, vous avez recherché quelle était la position de la filature à la magnanerie départementale.

Vous avez appris avec un grand intérêt que pendant deux ans les soies du château de Neuilly y avaient été filées, que plusieurs élèves y avaient été formées, et que dans peu d'années cet établissement, ainsi que celui de la Cataudière près Châtellerault, dirigé par M. et Mme Millet, qui en sont propriétaires, seraient en mesure de répondre aux demandes du pays, soit par la filature directe, soit en fournissant des élèves.

Vous avez vu des échantillons qui ont été approuvés par des hommes plus experts que nous, et, parmi les soies présentées à votre examen, vous avez distingué celles filées par Louise Prat, femme Fauque, née à Poitiers. Cette fileuse est élève de Mme Millet, et travaille depuis quatre ans comme fileuse, et depuis cinq comme magnanière; elle est en état de diriger parfaitement un établissement. La soie qui a été filée l'année dernière par cette femme était aussi belle que celle de cette année ; mais elle a filé cette fois avec plus de rapidité.

La Société, voulant encourager toutes les branches de l'industrie séricicole, décerne à Louise Fauque une médaille de la valeur de 30 fr.

# TABLE

## DES MATIÈRES.

Pages.


Avant-propos. . . . . . . . . . . . . . . . . . . . 5
CHAPITRE Ier. — Considérations générales. . . . . . . . . 7
CHAP. II. — Classification générale du mûrier. . . . . . . 9
   1° Mûrier blanc. . . . . . . . . . . . . . . . . 10
   2° Mûrier multicaule. . . . . . . . . . . . . . . 12
   3° Mûrier noir. . . . . . . . . . . . . . . . . . 13
   4° Mûrier rouge de Virginie. . . . . . . . . . . . 14
CHAP. III. — Origine du mûrier blanc. — Son introduction. — Ses
   premiers progrès. . . . . . . . . . . . . . . . *Ib.*
CHAP. IV. — Le mûrier blanc et ses variétés les plus propres à la
   nourriture des vers à soie. . . . . . . . . . . . 18
   Excellence de la feuille du mûrier sauvageon. . . . . . *Ib.*
   Mûrier Moretti. — Variété à feuilles entières larges et excel-
   lentes, issue du sauvageon. . . . . . . . . . . . 19
   Mûrier rose et autres variétés très-recommandables. . . . 21
   Mûriers, espèces à très-larges feuilles, propres seulement
   aux pays chauds. . . . . . . . . . . . . . . . 22
   Mûriers, variétés bizarres et curieuses. . . . . . . . 23
CHAP. V. — Multiplication des mûriers. . . . . . . . . *Ib.*
   Le semis. . . . . . . . . . . . . . . . . . . 24
   Récolte des graines. . . . . . . . . . . . . . . 25
   Terrain propre au semis. . . . . . . . . . . . . *Ib.*
   Opération du semis. . . . . . . . . . . . . . . *Ib.*
   Soins à donner au semis. . . . . . . . . . . . . 26
   Recoupage des semis. . . . . . . . . . . . . . *Ib.*
   Inconvénient des plants provenant de marcottes ou de bou-
   tures. . . . . . . . . . . . . . . . . . . . *Ib.*
   Multiplication par boutures. . . . . . . . . . . . 27
   Multiplication par marcottes. . . . . . . . . . . . 28
CHAP. VI. — Marcotte chinoise. . . . . . . . . . . . *Ib.*
   De la pépinière. . . . . . . . . . . . . . . . 29
   Choix du terrain et de l'exposition. . . . . . . . . 31
   Epoque de la plantation en pépinière. . . . . . . . *Ib.*
   Choix des pourettes à planter. . . . . . . . . . . 32
   Plantation. . . . . . . . . . . . . . . . . . *Ib.*
   Premiers travaux. . . . . . . . . . . . . . . . 33
   Ebourgeonnement sur un œil. . . . . . . . . . . *Ib.*
   Recepage. . . . . . . . . . . . . . . . . . . 34
   Formation de la tige. . . . . . . . . . . . . . *Ib.*
   Formation de l'embranchement. . . . . . . . . . . 35
   Soins et travaux à donner à la pépinière. . . . . . . 36
CHAP. VII. — De la greffe. . . . . . . . . . . . . . 37
   Greffe en écusson à œil poussant. . . . . . . . . . 38
   Greffe en flûte. . . . . . . . . . . . . . . . . 39
   Greffe en tête sur un gros arbre. . . . . . . . . . 40

CHAP. VIII. — Climat, terrains, expositions propres à la culture du mûrier. . . . . . . . . . . . . . . . . . . . . 40
Climat. . . . . . . . . . . . . . . . . . . . . . . . . . . *Ib.*
Expositions. . . . . . . . . . . . . . . . . . . . . . . . 41
Qualités et profondeur du sol. . . . . . . . . . . . . . . 42
CHAP. IX. — Préparation du terrain. — Travaux préliminaires. . 43
Amélioration du terrain. . . . . . . . . . . . . . . . . . 45
Profondeur et largeur des fosses. . . . . . . . . . . . . *Ib.*
CHAP. X. — Choix des mûriers à planter, choix des espèces et de la hauteur proportionnelle des tiges, selon le climat et le terrain. . . . . . . . . . . . . . . . . . . . . . . . . *Ib.*
Choix de hautes tiges. . . . . . . . . . . . . . . . . . . 46
Choix de basses tiges. . . . . . . . . . . . . . . . . . . *Ib.*
Choix de jeunes plants ou pourettes. . . . . . . . . . . . *Ib.*
Tableau synoptique du choix à faire en espèces et en hauteur, suivant l'exposition et les qualités du terrain. . . 47
Choix des mûriers dans la pépinière; âge, force, maturité des tiges; qualités qui distinguent un bon mûrier. . . *Ib.*
Arrachage, emballage, transport. . . . . . . . . . . . . . 48
CHAP. XI. — Plantation du mûrier. . . . . . . . . . . . . . . 49
Epoque la plus favorable pour la plantation. . . . . . . . *Ib.*
Distance à établir entre les plants. . . . . . . . . . . . 50
Préparation du sujet; taille des branches et des racines. . 51
Plantation. . . . . . . . . . . . . . . . . . . . . . . . *Ib.*
Tuteurs et abris. . . . . . . . . . . . . . . . . . . . . 52
CHAP. XII. — Culture, taille et entretien des mûriers nouvellement plantés. . . . . . . . . . . . . . . . . . . . . . . 53
Culture. . . . . . . . . . . . . . . . . . . . . . . . . . *Ib.*
Embranchement. . . . . . . . . . . . . . . . . . . . . . . 54
Première taille. — Troisième année. . . . . . . . . . . . 55
Emondage des jeunes mûriers. — Quatrième et cinquième année. . . . . . . . . . . . . . . . . . . . . . . . . . . 56
Sixième année. — Première cueillette. . . . . . . . . . . *Ib.*
Septième année. — Fin de l'adolescence. — Deuxième taille. 57
CHAP. XIII. — Etat actuel de la culture des mûriers. . . . . *Ib.*
CHAP. XIV. — Méthodes défectueuses de taille. . . . . . . . 59
Taille annuelle d'été sur bois de l'année précédente. . . 61
Taille d'été sur bois de deux, trois ou quatre ans. . . . 62
Taille sur le tronc, couronnement, taille de saules. . . . 63
CHAP. XV. — Abolition de la taille d'été; accidents qu'elle cause. 64
CHAP. XVI. — Nécessité de la taille. . . . . . . . . . . . . 65
CHAP. XVII. — Méthode nouvelle de taille. — Taille avant la montée de la séve. — Assolement quadriennal de la taille. . 67
Préparation à la nouvelle taille. . . . . . . . . . . . . 68
Exposition de la nouvelle méthode. . . . . . . . . . . . . 69
Ebourgeonnement après la taille. . . . . . . . . . . . . . 70
Avantages de cette méthode. . . . . . . . . . . . . . . . *Ib.*
CHAP. XVIII. — Cueillette du mûrier et traitement pendant les trois années d'intervalle entre les deux tailles. . . . . 71
Première année après la taille. . . . . . . . . . . . . . 72
Emondage. . . . . . . . . . . . . . . . . . . . . . . . . *Ib.*
Cueillette au couteau pour la première année après celle de la taille. . . . . . . . . . . . . . . . . . . . . . . *Ib.*
Effeuillement à la main, cueillette ordinaire. . . . . . . 73

Deuxième année après la taille. . . . . . . . . . . 74
Troisième année après la taille. . . . . . . . . . . *Ib.*
CHAP. XIX. — Causes principales de la destruction des mûriers.—
    La taille annuelle. . . . . . . . . . . . . . . 75
    Le fumier. . . . . . . . . . . . . . . . . *Ib.*
    Le manque de soins et de travaux. . . . . . . . . . 77
    Abandon des mûriers aux fermiers. . . . . . . . . *Ib.*
    Plantations trop épaisses. . . . . . . . . . . . *Ib.*
CHAP. XX. — Maladies des mûriers. — Traitement curatif. . . 78
    Vieux mûriers, mûriers centenaires. . . . . . . . . *Ib.*
    Classification des maladies. . . . . . . . . . . . 79
    Mousses, lichens et champignons. . . . . . . . . . *Ib.*
    Excoriations récentes. . . . . . . . . . . . . . 80
    Chancre blanc. . . . . . . . . . . . . . . . . 81
    Écorces cariées et corrompues. . . . . . . . . . . *Ib.*
    Jaunisse des feuilles. . . . . . . . . . . . . . 82
    Le feu. . . . . . . . . . . . . . . . . . . *Ib.*
    Branches mortes. . . . . . . . . . . . . . . . 83
    Écoulements sanieux. . . . . . . . . . . . . . *Ib.*
    Ulcères et caries. . . . . . . . . . . . . . . 84
    Pourriture du tronc. . . . . . . . . . . . . . *Ib.*
    Maladies occultes des racines. . . . . . . . . . . *Ib.*
CHAP. XXI. — Mixtures et compositions propres à recouvrir les
    plaies et les blessures du mûrier. . . . . . . . . 85
    Composition et usage de l'onguent Forsyth. — Onguent des
    - jardiniers. . . . . . . . . . . . . . . . . *Ib.*
    Onguent de Saint-Fiacre. . . . . . . . . . . . . 86
    Onguent à la cire; cire à greffer. . . . . . . . . *Ib.*
    Mastic à froid. . . . . . . . . . . . . . . . 87
    Nouvelle composition par bandelettes. . . . . . . . *Ib.*
CHAP. XXII. — Labours, binages, sarclages, engrais, amende-
    ments, arrosements, cultures intermédiaires; rempla-
    cements. . . . . . . . . . . . . . . . . . . *Ib.*
    Labours. . . . . . . . . . . . . . . . . . . *Ib.*
    Binages. . . . . . . . . . . . . . . . . . . 88
    Sarclages. . . . . . . . . . . . . . . . . . *Ib.*
    Engrais. . . . . . . . . . . . . . . . . . . *Ib.*
    Amendements. . . . . . . . . . . . . . . . . *Ib.*
    Arrosements. . . . . . . . . . . . . . . . . 89
    Cultures intermédiaires. . . . . . . . . . . . . *Ib.*
    Remplacements. . . . . . . . . . . . . . . . *Ib.*
    Conclusion. . . . . . . . . . . . . . . . . . 90

Rapport, par M. Moyne. . . . . . . . . . . . . . . 92


Poitiers.—Imp. de F.-A. SAURIN.